Schnelleinstieg in die SAP®-Ergebnisrechnung (CO-PA)

2., erweiterte Auflage

Stefan Eifler

Willkommen bei Espresso Tutorials!

Unser Ziel ist es, SAP-Wissen wie einen Espresso zu servieren: Auf das Wesentliche verdichtete Informationen anstelle langatmiger Kompendien – für ein effektives Lernen an konkreten Fallbeispielen. Viele unserer Bücher enthalten zusätzlich Videos, mit denen Sie Schritt für Schritt die vermittelten Inhalte nachvollziehen können. Besuchen Sie unseren YouTube-Kanal mit einer umfangreichen Auswahl frei zugänglicher Videos:

https://www.youtube.com/user/EspressoTutorials.

Kennen Sie schon unser Forum? Hier erhalten Sie stets aktuelle Informationen zu Entwicklungen der SAP-Software, Hilfe zu Ihren Fragen und die Gelegenheit, mit anderen Anwendern zu diskutieren:

http://www.fico-forum.de.

Eine Auswahl weiterer Bücher von Espresso Tutorials:

- Andreas Unkelbach, Martin Munzel:
  Abschlussarbeiten im Gemeinkosten-Controlling in SAP S/4HANA®
  http://5360.espresso-tutorials.de
- Christoph Theis, Stefan Eifler:
  Werteflüsse in die SAP®-Ergebnisrechnung (CO-PA) unter S/4HANA® *http://5394.espresso-tutorials.de*
- Michael Kroschwitz:
  Embedded Analytics in SAP S/4HANA®
  http://5458.espresso-tutorials.de
- Tom King:
  Materialbewertung und das Material-Ledger in SAP S/4HANA®
  http://5711.espresso-tutorials.de
- Ernst Schulten:
  SAP-Training in 10 Tagen – Integrierte Geschäftsprozesse in SAP S/4HANA® *https://es-tu.de/wbJTP1*
- Nora Voigt:
  Praxishandbuch SAP S/4HANA® Controlling
  https://es-tu.de/zVyJR

Bibliografische Information der Deutschen Nationalbibliothek
Die Deutsche Nationalbibliothek verzeichnet diese Publikation in der Deutschen Nationalbibliografie; detaillierte bibliografische Daten sind im Internet über https://portal.dnb.de abrufbar.

Stefan Eifler
Schnelleinstieg in die SAP®-Ergebnisrechnung (CO-PA) – 2., erweiterte Aufl.

ISBN: 978-3-96012-213-5

Lektorat: Anja Achilles

Korrektorat: Stefan Marschner, Team Wallmow 65

Coverdesign: Philip Esch

Coverfoto: iStockphoto.com | Nerus No. 152541319

Satz & Layout: Johann-Christian Hanke

2., erweiterte Auflage 2023

URL: *www.espresso-tutorials.de*

Feedback:
Wir freuen uns über Fragen und Anmerkungen jeglicher Art. Bitte senden Sie diese an: *info@espresso-tutorials.com*.

Inhaltsverzeichnis

Vorwort zur zweiten Auflage

Vielleicht haben Sie sich ja schon mal gefragt, warum nicht schon längst die zweite Auflage dieses seit dem Jahr 2012 existierenden Buches zum Schnelleinstieg in die SAP-Ergebnisrechnung (CO-PA) veröffentlicht wurde. Immerhin ist die Zeit gerade im IT- und insbesondere im SAP-Umfeld sehr schnelllebig, ein mehr als zehn Jahre altes Buch wirkt da geradezu antiquiert.

Eine Antwort darauf ist, dass der Schwerpunkt der ersten Auflage auf der Einrichtung der kalkulatorischen Form der Ergebnisrechnung in einem SAP-ERP-System lag. Diese wurde und wird bei sehr vielen Unternehmen eingeführt, die SAP R/3 oder SAP ERP im Einsatz haben, weil sie Funktionen enthält, die in der buchhalterischen Form nicht zur Verfügung stehen, von vielen Unternehmen aber für ihr tägliches Business benötigt werden. Die kalkulatorische Form hat zwar den Nachteil, dass es zu Abstimmschwierigkeiten zwischen den in der Finanzbuchhaltung gebuchten und den in der kalkulatorischen Ergebnisrechnung gezeigten Werten kommen kann. Die Vorteile aufgrund der zusätzlichen Funktionen in der kalkulatorischen Form überwogen allerdings den Abstimmnachteil, sodass sich viele Unternehmen für die kalkulatorische Form entschieden haben.

Wie eine kalkulatorische Form der Ergebnisrechnung erfolgreich in einem Unternehmen einzuführen ist, hat sich in den vergangenen Jahren nicht geändert. Das funktioniert noch genauso wie in der 1. Auflage beschrieben.

Jetzt fragen Sie sich sicherlich, warum wir für die kalkulatorische Form der Ergebnisrechnung dennoch eine zweite Auflage des Buches vorlegen. Immerhin besteht diese Form der Ergebnisrechnung, sofern Sie sie aktivieren, auch in einem S/4HANA-System fort – allerdings mit dem Hinweis der SAP, dass es für diese Form keine Weiterentwicklung durch die SAP mehr geben wird.

So liegt zwar in dieser zweiten Auflage der Schwerpunkt weiterhin auf der Einführung der kalkulatorischen Form der Ergebnisrechnung. Allerdings werde ich Ihnen zusätzlich beschreiben, welche Unterschiede zur Margin Analysis bestehen – der neu definierten und funktional stark erweiterten buchhalterischen Form der Ergebnisrechnung – die die SAP in einem SAP-S/4HANA-System empfiehlt.

Genug philosophiert, das erwartet Sie konkret in dieser zweiten Auflage:

Ein neuer Abschnitt in Kapitel 2 beschäftigt sich mit den Unterschieden zwischen der kalkulatorischen Ergebnisrechnung und Margin Analysis. Dabei gehe ich nicht nur auf die Unterschiede ein, die Sie vielleicht schon aus diversen Veröffentlichungen oder Trainings zu S/4HANA kennen, sondern auch auf einige Kriterien, die üblicherweise nur am Rande erwähnt werden, mir aber bedeutsam erscheinen.

Viele Unternehmen stellen sich aktuell die Frage, wie sie im Zuge der Umstellung auf S/4HANA zukünftig die Ergebnisrechnung vornehmen sollen. Dazu werde ich kurz auf drei Optionen eingehen:

- Alleinige Aktivierung der kalkulatorischen Ergebnisrechnung in einem S/4HANA-System
- Parallele Verwendung der kalkulatorischen Form der Ergebnisrechnung und der Margin Analysis in einem S/4HANA-System
- Ausschließlicher Einsatz von Margin Analysis in einem S/4HANA-System

Im Kapitel 3 über Merkmalsableitungen werde ich Ihnen die neue Funktionalität der Merkmalsattributierung vorstellen.

Weiterhin beschreibe ich Ihnen, wie Sie mithilfe von Simulationsfunktionen die Übernahme von Kundenaufträgen oder Fakturen in die Ergebnisrechnung nachahmen, um so schnell zu sehen, warum beispielsweise ein Kundenauftrag im Fehlertopf (KE2D) landet oder eine Faktura nicht ans Rechnungswesen übergeben wird. Diese Funktionen sind auch für die weitere Abstimmung zwischen der Finanzbuchhaltung und der kalkulatorischen Form der Ergebnisrechnung hilfreich.

Das zusätzliche Kapitel 8 zu Abstimmmöglichkeiten entstammt dem Wunsch einiger meiner bisherigen Leser, ich möge noch genauer darauf eingehen, wie Abweichungen zwischen FI- und CO-PA-Werten schneller gefunden und analysiert werden können, um sie möglichst schon im Vorfeld zu vermeiden.

Um Ihnen den Stoff dieses Buches bestmöglich näherzubringen, habe ich zusätzlich fünf Videos erstellt, die die komplexeren Themen noch einmal am System verdeutlichen. Sie finden diese Videos im Internet auf der Homepage des Verlags Espresso Tutorials unter:

- *http://video1.copa.espresso-tutorials.de* (Ergebnisbereich definieren)
- *http://video2.copa.espresso-tutorials.de* (Merkmalsableitung)
- *http://video3.copa.espresso-tutorials.de* (Bewertung)
- *http://video4.copa.espresso-tutorials.de* (Abrechnung Innenauftrag)
- *http://video5.copa.espresso-tutorials.de* (Planung)

Am Ende der jeweiligen Kapitel weise ich noch einmal gesondert auf die Videos hin; achten Sie bitte auf das dafür vorgesehene Piktogramm.

Danksagung

Dafür, dass Sie überhaupt in den Genuss dieser Lektüre kommen, danke ich dem Verlag Espresso Tutorials mit seinen beiden Geschäftsführern Martin Munzel und Jörg Siebert. Ich danke ihnen sehr herzlich, dass sie mir die Chance bieten, Ihnen meine Erfahrungen und Kenntnisse im CO-PA mitzuteilen.

Die Testbeispiele für dieses Buch konnte ich auf einem SAP-System der Firma consolut erstellen.

In den Text sind Kästen eingefügt, um wichtige Informationen besonders hervorzuheben. Jeder Kasten ist zusätzlich mit einem Piktogramm versehen, das diesen genauer klassifiziert:

Hinweis

Hinweise bieten praktische Tipps zum Umgang mit dem jeweiligen Thema.

Beispiel

Beispiele dienen dazu, ein Thema besser zu illustrieren.

! Achtung

Warnungen weisen auf mögliche Fehlerquellen oder Stolpersteine im Zusammenhang mit einem Thema hin.

Video

Schauen Sie sich ein Video zum jeweiligen Thema an.

Die Form der Anrede

Um den Lesefluss nicht zu beeinträchtigen, verwenden wir im vorliegenden Buch bei personenbezogenen Substantiven und Pronomen zwar nur die gewohnte männliche Sprachform, meinen aber gleichermaßen Personen weiblichen und diversen Geschlechts.

Hinweis zum Urheberrecht

Sämtliche in diesem Buch abgedruckten Screenshots unterliegen dem Copyright der SAP SE. Alle Rechte an den Screenshots hält die SAP SE. Der Einfachheit halber haben wir im Rest des Buches darauf verzichtet, dies unter jedem Screenshot gesondert auszuweisen.

1 Einleitung oder: CO-PA – das Königsmodul

Wenn Sie in einem Unternehmen arbeiten, das SAP R/3 oder SAP ERP im Einsatz hat oder plant, SAP einzuführen, ist Ihnen vielleicht hier und da schon einmal der Begriff CO-PA begegnet. Das kann daran liegen, dass Sie im Bereich Rechnungswesen tätig sind (Finanzen, Controlling) und daher von Ihren Aufgaben her automatisch mit CO-PA zu tun haben. Aber auch in der Logistik, etwa im Vertrieb, in der Materialwirtschaft oder in der Fertigung, kann es durchaus vorkommen, dass Sie den Begriff CO-PA schon gehört haben, und sei es nur in Gesprächen oder Meetings mit den dafür zuständigen Controllern. Vielleicht sind Sie aber auch Junior- oder Seniorberater in einer SAP-Beratung und erhalten den Auftrag, CO-PA in einem Unternehmen einzuführen oder dort betreuend zu beraten. Spätestens dann wird Ihnen dieses Buch weiterhelfen, denn ich möchte Ihnen nicht nur erklären, was CO-PA ist, sondern an einem durchgängigen Beispiel zeigen, wie Sie CO-PA einführen und damit wesentliche Aufgaben erfüllen. Dabei erhebt dieses Buch nicht den Anspruch auf Vollständigkeit aller im CO-PA verfügbaren Werkzeuge. Dazu existieren schon genügend andere Fachbücher. Es liefert Ihnen vielmehr Tipps und Tricks, wie Sie ein einfaches CO-PA in Ihrem Unternehmen einführen und anschließend effektiv damit arbeiten können.

Nun stellen Sie sich vielleicht die Frage, wie ich mir anmaßen kann, einen derartigen Anspruch an dieses Buch zu stellen. Das liegt daran, dass ich als gelernter Wirtschaftswissenschaftler viele Jahre externer SAP-Berater mit dem Schwerpunkt CO-PA war, u. a. bei Coca-Cola, Veltins und Schneider Weiße, sowie langjähriger Inhouse-Consultant und Controller bei Berentzen, sodass ich neben der Beratungsseite auch eine Menge Erfahrung in der Anwendung von CO-PA sammeln konnte. Aktuell arbeite ich als Inhouse-Berater bei der Sartorius AG. Ich kenne daher beide Seiten sehr intensiv und will meinen langjährigen Erfahrungsschatz nicht nur für mich behalten.

Jetzt werden Sie sicherlich denken, wann kommt der endlich zum Punkt? Daher will ich Sie nicht länger auf die Folter spannen und Ihnen den Begriff CO-PA erklären.

Das SAP-System ist in viele einzelne Module aufgeteilt, wie z. B. FI (Finanzbuchhaltung), CO (Controlling), SD (Vertrieb), MM (Materialwirtschaft) und PP (Produktionsplanung und -steuerung), um nur einige zu nennen. Jedes dieser Module besteht wiederum aus diversen Bausteinen. Das Modul CO enthält u. a. die Bausteine Gemeinkostencontrolling (CO-OM), welches seinerseits die Kostenstellenrechnung und Innenaufträge sowie die Produktkostenrechnung (CO-PC) umfasst. Das »Königs«-Modul ist allerdings nicht nur im CO, sondern im ganzen SAP-System, das CO-PA, die Ergebnis- und Marktsegmentrechnung. PA steht für Profitability Analysis.

Warum nenne ich es das Königsmodul? Weil es die »letzte Stelle« im SAP-System darstellt; hier laufen alle Fäden aus dem SAP-System zusammen!

Anekdote am Rande

Normalerweise wird laut SAP im CO-PA nur das Umsatzkostenverfahren unterstützt. In meiner Beratungszeit hatte ich einmal bei einem Kunden mit einem Rechnungswesenleiter namens König zu tun. Er wollte unbedingt, dass ich im CO-PA das Gesamtkostenverfahren abbilde. Da der Kunde König ist, entsprach ich nach einigen intensiven Diskussionen seinem Wunsch und bildete im CO-PA das Gesamtkostenverfahren ab. Der Kunde König war hoch zufrieden, für mich ist seitdem CO-PA auch deshalb das Königsmodul!

2 Strukturen des CO-PA

In diesem Kapitel werde ich zunächst auf den eigentlichen Zweck des CO-PA eingehen. Danach erläutere ich Ihnen, welche Organisationsstruktur und welche Stammdaten für CO-PA erforderlich sind. Die Darstellung der Definition eines Beispielergebnisbereichs, der die Grundlage für alle weiteren Beispiele in diesem Buch darstellt, rundet dieses Kapitel ab.

2.1 Sinn und Zweck des CO-PA

Der eigentliche Zweck von CO-PA besteht neben der Abbildung einer Deckungsbeitragsrechnung im Ist und im Plan in der Beantwortung von unterschiedlichen betriebswirtschaftlichen Fragestellungen wie etwa:

- Mit welchem Kunden verdiene ich das meiste Geld?
- Welche Artikel führen zu meinem Geschäftserfolg?
- Welche Artikel sind bei einem Kunden erfolgreich?
- War meine letzte Marketingaktion erfolgreich?
- Welche Veränderungen ergeben sich im Kaufverhalten meiner Kunden aufgrund meiner neuen Preisstrategie?
- Sollte ich einem Kunden weitere Boni und Rabatte gewähren, um die Absatzmenge zu steigern?
- Reichen meine Deckungsbeiträge in einem Geschäftsbereich aus, um die dort zugeordneten Fixkosten zu decken?
- Was schenke ich im Rahmen von Verkaufsförderungen meinen Kunden – und erreiche ich dadurch ein höheres Absatzvolumen?
- Woher kommen meine Abweichungen zum Plan?

Das sind nur einige Fragen, die Ihnen das CO-PA beantworten kann, vorausgesetzt, Sie haben es richtig »gecustomized« (= eingerichtet).

Die Ergebnisrechnung ist, das erkennen Sie an den unterschiedlichen Fragestellungen, als Vertriebscontrolling-Tool konzipiert. Grundsätzlich lassen sich aber alle Bestandteile einer Deckungsbeitragsrechnung bis herunter zum EBIT darstellen. Welche CO-PA-relevante Organisationsstruktur ist dafür von Vorteil?

2.2 Der Ergebnisbereich

Der Ergebnisbereich bildet im SAP-System die organisatorische Einheit, die für die Ergebnis- und Marktsegmentrechnung (CO-PA) zuständig ist. Was sind organisatorische Einheiten im SAP-System? Anhand von organisatorischen Einheiten bilden Sie normalerweise Ihre Unternehmensstruktur ab. Sie richten für Ihre selbstständig bilanzierenden Einheiten Buchungskreise ein, Sie legen im Vertrieb Vertriebsbereiche an, definieren für MM und PP Werke etc. Auf diesem Organisationsgebilde Ihrer Unternehmensstruktur basiert das gesamte weitere Customizing Ihres SAP-Systems. Die Organisationsstruktur bildet das Rückgrat Ihres Systems!

! Häufiger Praxisfehler

Wenn die Abbildung der Organisationsstrukturen im SAP-System nicht von Anfang an gut durchdacht ist und Sie später Änderungen vornehmen müssen, ist das darauf aufbauende Customizing zu überprüfen. Häufig verlängern sich SAP-Projekte und werden unnötig teuer, weil sich das Management während der SAP-Einführungsphase Änderungen der Organisationsstrukturen überlegt. Später heißt es dann, die SAP-Einführung war sehr lang und zu teuer, aber im Grunde lag es an der Entscheidung des Managements. Die Berater wird es wiederum freuen!

In einem Ergebnisbereich definieren Sie alle ergebnisrechnungsrelevanten Stammdaten, die Sie für Ihre spätere Arbeit mit dem CO-PA benötigen. Der Ergebnisbereich ist einem oder mehreren Kostenrechnungskreisen zuzuordnen. Ich empfehle Ihnen hier aber eine 1:1-Beziehung, d. h., der Ergebnisbereich wird nur einem Kostenrechnungskreis zugeordnet. Jetzt fragen Sie sich vielleicht, ob es denn sinnvoll ist, hier nur eine 1:1-Beziehung zu definieren, wenn Sie später konzernweit Daten auswerten wollen! Ihre Idee geht in die richtige Richtung, aber der Clou liegt in der Zuordnung von Kostenrechnungskreisen zu Buchungskreisen! Ein Kostenrechnungskreis ist die organisatorische Einheit des Moduls CO, Sie können einem Kostenrechnungskreis einen einzigen oder mehrere Buchungskreise zuordnen. Um Kosten konzernweit in SAP (und nicht nur in Excel oder einem Business Warehouse, das weitere Kosten verursachen würde) auswerten zu können, müssen Sie all Ihre »produktiven« Buchungskreise einem Kostenrechnungskreis zuordnen. Diesen Kostenrechnungskreis ordnen Sie wieder dem angesprochenen Ergebnisbereich zu. So gewährleisten Sie, dass Sie nicht nur Ihre Kosten konzernweit sehen, sondern auch Ihre Erlöse, Ihre Deckungsbeiträge und letztlich natürlich ebenso Ihren Gewinn.

! Anekdote am Rande: Häufiger Fehler

Ein Beraterkollege erzählte mir einmal, dass er zu einem Kunden mit einem bereits produktiven SAP-System gerufen wurde, der Probleme mit seinen Report-Writer-Berichten hatte. Er wollte konzernweit seine Kosten auswerten, die Berichte ließen dies aber nicht zu. Leider konnte mein Kollege ihm nicht helfen – der Kunde hatte pro Kostenrechnungskreis einen Buchungskreis eingerichtet, also konnte er nur die Kosten dieses Buchungskreises in den Report-Writer-Berichten dieses Kostenrechnungskreises sehen. An diesem Beispiel erkennen Sie, wie wichtig es ist, dass Sie sich im Vorfeld genügend Gedanken über Ihre Organisationsstruktur im SAP-System machen.

Um mit nur einem Ergebnisbereich arbeiten zu können, gilt allerdings die Voraussetzung, dass alle Kostenrechnungskreise und Buchungskreise mit der gleichen Geschäftsjahresvariante arbeiten, in der Regel ist das die Variante K4 (dabei entspricht das Geschäftsjahr einem Kalenderjahr mit vier Sonderperioden). Alle zugeordneten Buchungskreise müssen ferner denselben Kontenplan verwenden.

Im nächsten Abschnitt erläutere ich Ihnen, welche Stammdaten im CO-PA existieren.

2.3 Stammdaten im CO-PA

Die Ergebnis- und Marktsegmentrechnung in SAP R/3 oder SAP ERP unterscheidet zwei Formen: Die kalkulatorische und die buchhalterische Form der Ergebnisrechnung. Die kalkulatorische Form arbeitet mit Wertfeldern, die buchhalterische mit Konten. Die mit S/4HANA neu hinzugekommene *Margin Analysis* ist eine Erweiterung der buchhalterischen Form um zusätzliche Funktionen, basiert somit also ebenfalls auf **Konten**.

Ein *Wertfeld* ist, wie der Name schon sagt, ein Feld, das mit Werten gefüllt wird. Sie definieren z. B. für jede Zeile der Deckungsbeitragsrechnung (außer die Zeile lässt sich als Formel errechnen) ein Wertfeld, das dann später »wie von Geisterhand« mit Daten gefüllt wird, sowohl im Ist als auch im Plan. Mengenfelder werden analog, wie der Name schon sagt, mit Mengen wie z. B. Absatzmengen gefüllt.

Die Abbildung einer Deckungsbeitragsrechnung gehört zum internen Rechnungswesen. Anders als im externen Rechnungswesen gibt es keine gesetzlichen Vorgaben, wie genau eine Deckungsbeitragsrechnung aussehen soll, jedes Unternehmen bildet die Struktur so ab, wie es meint, sie am besten gebrauchen zu können. Diese Individualität in der Abbildung einer Deckungsbeitragsrechnung ist (natürlich) im Königsmodul CO-PA möglich!

In der buchhalterischen Ergebnisrechnung würden Sie Ihre Deckungsbeitragsstruktur über Konten definieren, die gleichzeitig als Kostenarten anzulegen sind.

Beide Formen der Ergebnisrechnung arbeiten mit Merkmalen. Was ist aber wiederum ein Merkmal? *Merkmale* dienen der Selektion auf den

Datenbestand Ihrer Ergebnisrechnung. Das SAP-System bietet eine Reihe von vordefinierten Merkmalen wie Buchungskreis, Verkaufsorganisation, Vertriebsweg, Kunde oder Artikel, um an dieser Stelle nur einige zu nennen. Daneben haben Sie nun die Möglichkeit, selbst Merkmale zu definieren, die Sie als wichtig für die Steuerung Ihres Unternehmens ansehen. Wenn Sie z. B. anhand der Daten des Kunden XY sehen wollen, ob er in einem bestimmten Zeitraum Artikel der Produktgruppe 4711 gekauft hat, können Sie Ihre Daten mithilfe der Merkmale selektieren und in Berichten darstellen. Sie sehen dann nicht nur die Absatzmenge und den Umsatz, sondern auch alle Kosten, die Sie diesem Kunden und den dazugehörigen Artikeln, Produktgruppen etc. direkt zuordnen können! Dazu kommen wir in diesem Buch später aber noch genauer.

2.4 CO-PA und/oder Margin Analysis?

In diesem Abschnitt werde ich Ihnen Unterschiede zwischen der kalkulatorischen Form der Ergebnisrechnung (CO-PA) und Margin Analysis stichwortartig erläutern.

Ferner beschäftigen wir uns mit der Fragestellung, wie wir die Deckungsbeitragsrechnung unter S/4HANA darstellen können.

2.4.1 Funktionale Unterschiede zwischen der kalkulatorischen Form des CO-PA und Margin Analysis

Margin Analysis als Erweiterung der ursprünglichen buchhalterischen Form der Ergebnisrechnung im S/4HANA-System weist einige Funktionen auf, die die bisherigen Vorteile der kalkulatorischen gegenüber der buchhalterischen Ergebnisrechnung wettmachen. In Büchern und/ oder Vorträgen zu S/4HANA werden in der Regel die Übernahme der Kundenauftragseingangsdaten über Predictive Ledger (Vorhersageledger), der Split der Cost of Sales oder auch der Split der Produktionsabweichungen angeführt. Ich möchte Sie darüber hinaus auf einige Unterschiede hinweisen, die Sie nicht unbedingt genannt bekommen.

Bei der Darstellung der Unterschiede vergleiche ich die kalkulatorische Ergebnisrechnung (CO-PA) mit Margin Analysis in der On-Premise-Version von S/4HANA bzw. mit der Private-Cloud-Version z. B. im Rahmen eines RISE-Projekts.

Tabelle 2.1 beschreibt die aus meiner Sicht wesentlichen Unterschiede.

Unterscheidungs-kriterien	Kalkulatorische Ergebnisrechnung (CO-PA)	Margin Analysis
System	SAP ERP; S/4HANA	S/4HANA
S/4HANA-Lösung	On-Premise oder Private Cloud im Rahmen des RISE-Konzepts	Empfehlung für On-Premise und Private Cloud; Pflicht für Public Cloud
Weiterentwicklung durch SAP	Nein	Ja
Datennutzung	Internes Rechnungswesen	Internes und externes Rechnungswesen
Ergebnisbereich	Ergebnisbereich enthält die Stammdaten des CO-PA (Merkmale und Wertfelder)	Stand Release S/4HANA 2109: Ergebnisbereich ist noch vorhanden, soll aber langfristig entfallen. Vorerst muss, falls bisher nicht passiert, auch die buchhalterische Form aktiviert werden.
Eigene Deckungsbeitragsstruktur möglich?	Ja, im Rahmen des dynamischen Berichtswesens	Ja bei On-Premise und Private Cloud, nein bei Public Cloud. Bei Letzterer kann nur mit einer von SAP vorgegebenen Struktur gearbeitet werden.

Unterscheidungs-kriterien	Kalkulatorische Ergebnisrech-nung (CO-PA)	Margin Analysis
Wie erkenne ich die Quelle der Einzel-posten?	Standard-Vor-gangsarten plus eigendefinierte Vorgangsarten	Buchungen auf Konten werden unterschieden durch die Ledger, durch Werttypen (z. B. 4, 11) und durch betriebswirtschaftli-che Vorgänge
Verdichtungs-ebenen	Verfügbar, auch bei schneller SAP-HANA-Daten-bank.	Sind durch die schnelle SAP-HANA-Datenbank obsolet. Falls dennoch Ver-dichtungsebenen in SAP S/4HANA benötigt werden, gilt SAP-Hinweis 2348226.

Tabelle 2.1: Hauptunterschiede zwischen CO-PA und Margin Analysis

Den in der vorletzten Zeile genannten Unterschied finde ich persönlich wichtig, er wird meines Wissens bisher in keiner anderen Publikation genannt: In der kalkulatorischen Ergebnisrechnung können wir die Quelle des erzeugten Einzelpostens direkt über das feste Merkmal *Vorgangsart* ablesen. Sie erkennen sofort, ob der Einzelposten aus Auftragseingangsdaten stammt (Vorgangsart A für Kundenauftragseingangsdaten und Vorgangsart I für Projektauftragseingänge), oder aus aktuellen Daten wie Fakturen (Vorgangsart F), Abrechnungen (Vorgangsart C) oder Manuellen Buchungen (Vorgangsart B).

Ferner können Sie eigendefinierte Vorgangsarten (numerische Vorgangsarten lassen sich customizen) z. B. für Einzelpostenkorrekturen verwenden. Das Merkmal »Vorgangsart« existiert in Margin Analysis nicht! Da die Einzelposten für die Deckungsbeitragsrechnung in Margin Analysis in der neuen Tabelle ACDOCA gebucht werden, gibt es dort nur die üblichen Selektionsmöglichkeiten wie Ledger, Werttypen oder betriebswirtschaftliche Vorgänge. Ferner können Sie über Sachkonten, die im Customizing der Hauptbuchhaltung sogenannten *Semantischen Tags* zuzuordnen sind, in den Fiori-Apps zu Margin Analysis auswerten. Entscheiden Sie bitte selbst, welchen Weg Sie einfacher finden, um den Ursprung der ergebnisrechnungsrelevanten Einzelposten zu erkennen.

2.4.2 Können wir exklusiv die kalkulatorische Form des CO-PA unter S/4HANA betreiben?

Theoretisch wäre es möglich, nur die kalkulatorische Form der Ergebnisrechnung zu aktivieren. Dies ist allerdings absolut keine SAP-Empfehlung! Würden Sie bei einer Umstellung auf S/4HANA nur die kalkulatorische Form der Ergebnisrechnung (so wie bei vielen Unternehmen im SAP-ERP-System aktuell üblich) aktivieren und nicht die buchhalterische, würden Sie in der Tabelle ACDOCA keine neuen Spalten für Merkmale erzeugen. OK, werden Sie sagen, das ist doch wie bisher, da in den Tabellen BSEG oder der FAGLFLEXA ja auch keine Einzelposten des CO-PA direkt sichtbar sind. Aber mit der Umstellung auf S/4HANA stellt sich die Frage, auf welches Kontierungsobjekt z. B. Erlöse oder Rabatte gebucht werden. Bisher haben Sie dabei auf das Ergebnisobjekt als Kontierung gebucht. Das gibt es aber in Margin Analysis nicht, da die buchhalterische Form der Ergebnisrechnung nicht aktiviert wurde. Sie müssten sich also für ein anderes Kontierungsobjekt entscheiden, wie z. B. Innenauftrag oder Kostenstelle. Ergibt das einen Sinn? Meiner Meinung nach nicht, denn die Abbildung Ihres betriebswirtschaftlichen Prozesses vom Kundenauftrag über Produktion und Lieferung bis hin zur Faktura würde sich auf diese Weise doch sehr verkomplizieren.

2.4.3 Sollten wir in einem S/4HANA-System CO-PA und Margin Analysis parallel betreiben?

Wie mein (ehemaliger) Arbeitskollege Christoph Theis und ich in unserem Buch »Werteflüsse in die SAP-Ergebnisrechnung (CO-PA) unter S/4HANA« (Espresso Tutorials, 2020) bereits geschrieben haben, ist dieses Vorgehen unsere ausdrückliche Empfehlung. Warum, werden Sie fragen, sollten wir uns nicht komplett zukunftsorientiert aufstellen? Ganz einfach: Aktivieren Sie beide Formen der Ergebnisrechnung, so haben Sie auf der einen Seite den Vorteil, dass Ihnen Ihre bisherige Ergebnisrechnung wie gewohnt zur Verfügung steht. Auf der anderen Seite können Sie den großen Vorteil des Universal Journals als Single Point of Truth nutzen, da Abstimmungen zwischen CO-PA und der Finanzbuchhaltung (FI) zukünftig entfallen. Sollten irgendwann alle Anforderungen, die Sie bisher an Ihre kalkulatorische Ergebnisrechnung gestellt haben, in Margin Analysis umgesetzt sein, wäre es an der Zeit, die kalkulatorische Form zu deaktivieren. Bis dahin – wenn Sie aktuell an den Start mit S/4HANA denken – bleibt Ihnen die Möglichkeit, auf historische Daten der vergangenen Jahre aus der Ergebnisrechnung zuzugreifen. Die Daten werden zudem in den kalkulatorischen CO-PA-Tabellen CE1XXXX bis CE4XXXX (XXXX steht für Ihren Ergebnisbereich) fortgeschrieben. Wenn Sie spezielle Berichte haben, die Ihnen bisher nur in der kalkulatorischen Ergebnisrechnung zur Verfügung stehen – ich denke da etwa an ein Auftragsbestandsreporting oder die Möglichkeit, Ihr Group Reporting im internen Rechnungswesen abzubilden – sind Ihnen diese Berichte nach wie vor zugänglich.

Anekdote am Rande

Ein von mir sehr geschätzter Beraterkollege erwiderte auf meine Bemerkung, dass wir unter S/4HANA auch weiterhin unsere bisher berichteten KPIs sehen wollen, dass es unter S/4HANA vielleicht nicht die gleichen, dafür aber andere KPIs zu sehen geben wird. Er verglich dabei das bisherige CO-PA mit einer Pferdekutsche als Fortbewegungsmittel aus vergangenen Zeiten und Margin Analysis mit einem modernen Ferrari. Früher hätten die Leute die Pferdeäpfel als Rosendünger genutzt, heute gibt es andere Möglichkeiten, seine Rosen zu düngen. Der heutige Ferrari bietet im Vergleich zur Pferdekutsche viele neue Möglichkeiten und Informationen, die früher undenkbar waren.

2.4.4 Welche Konsequenzen hat die alleinige Aktivierung von Margin Analysis bei einem Wechsel auf S/4HANA?

Zur Beantwortung dieser Frage müssen wir unterscheiden, ob ein Unternehmen mit S/4HANA erstmals SAP-Software einführt, oder ob es schon früher z. B. SAP R/3 oder SAP ERP inklusive der kalkulatorischen Ergebnisrechnungsform zur Verfügung hatte.

Für den ersten Fall würde ich der Empfehlung der SAP nachkommen, nur Margin Analysis zu aktivieren und zu customizen. Da die kalkulatorische Form von der SAP auf Dauer nicht unterstützt wird, könnte sich der zusätzliche Aufwand für deren Aktivierung langfristig nicht mehr lohnen. Außerdem müssen sich Ihre User nicht umstellen, nur noch mit Margin Analysis und mit Auswertungen über die ACDOCA zurechtzukommen.

Sollten Sie bislang mit der kalkulatorischen Form arbeiten, würde Ihnen deren Abschaltung Datenverluste bescheren, da die bisherigen Tabellen CE1XXXX bis CE4XXXX nicht mehr existent wären. Sie müssten z. B. in Excel oder anderen BW-Systemen die historischen Daten vorhalten, um etwa noch Vorjahresvergleiche machen zu können. Selbst wenn mit der Umstellung die historischen Daten in S/4HANA nicht komplett gelöscht wären, würde auf jeden Fall eine Fortschreibung dieser CE-Tabellen unterbleiben. Auswertungen von KPIs in Ihrem BW-System müssten komplett neu gebaut werden.

Der nun folgende Abschnitt existierte bereits in der 1. Auflage dieses Buches. Es beschreibt Ihnen detailliert, wie Sie einen Ergebnisbereich für die kalkulatorische Form des CO-PA einrichten. Wie im Vorwort und der Einleitung gesagt, hat die Beschreibung der kalkulatorischen Funktionen nach wie vor Vorrang in diesem Buch.

2.5 Einrichtung eines Beispiel-Ergebnisbereichs

Wir wollen nun eine Ergebnis- und Marktsegmentrechnung für ein Unternehmen einrichten, das Produkte herstellt, die zunächst gelagert und erst später an die Kunden verkauft werden (Make-to-Stock(-MTS)-Prozess).

2.5.1 Beschreibung der wesentlichen Beispieldaten

Die meisten Kunden des Unternehmens, die für den MTS-Prozess infrage kommen, gehören zu Handelskonzernen; daneben existieren kleine und große Kunden, die nicht unbedingt größeren Konsortien zuzurechnen sind. Welche Merkmale lassen sich nun auf Basis dieser wenigen Informationen definieren, die Sie später für die Datenselektion gebrauchen können?

Zum einen gibt es die von SAP standardmäßig vorgegebenen **festen** *Merkmale* wie Kostenrechnungskreis, Buchungskreis etc.; die wichtigsten davon, die auch im folgenden Beispiel vorkommen, habe ich in Tabelle 2.2 aufgeführt.

Festes Merkmal	Ausprägung(en) im Beispiel
Kostenrechnungskreis	ET01 (E. T. Company)
Buchungskreis	ET11 (E. T. Company)
Verkaufsorganisation	ET15 (E. T. Company)
Vertriebsweg	MTS-Prozess 01
Sparte	00
Werk	ET11 (E. T. Company)
Kunden	K1, K2, ..., K6
Artikel	A1, A2, ..., A6
Vorgangsart (zeigt uns später, wo die Daten herkommen!)	A...I

Tabelle 2.2: Beispiele für feste Merkmale und deren Ausprägungen

Eine Übersicht über die sich anbietenden **freien**, also selbst zu definierenden Merkmale, finden Sie in Tabelle 2.3.

Freies Merkmal	Ausprägung(en) im Beispiel
Kundenhierarchie 1	KH11, KH12
Kundenhierarchie 2	KH21, KH22, KH23
Kundenhierarchie 3	K1, ..., K6
Kundengruppe	KG1, KG2, KG3
Vertreter	50995; 81000
Produktart	PA1, PA2
Produktgruppe	PG1, PG2, PG3

Tabelle 2.3: Beispiele für freie Merkmale und deren Ausprägungen

Unser Beispielunternehmen möchte die in Tabelle 2.4 dargestellte Deckungsbeitragsstruktur verwenden. Wie Sie sehen, entsprechen die einzelnen Zeilen *Wertfeldern*, die ich in der zweiten Spalte aufgeführt habe.

Vereinfachte Deckungsbeitragsstruktur

Zeile	Wertfeld/Formel
Erlöse	Wertfeld ERLOS
-/- Rabatte	Wertfeld RABAT
= Rechnungsumsatz	**Formel!**
-/- Skonto	Wertfeld VV070
-/- Boni	Wertfeld BONUS
= Nettoumsatz	**Formel!**
-/- Frachtkosten	Wertfeld VV100
-/- Materialkosten	Wertfeld VV150
-/- Fertigungskosten	Wertfeld VV180
= Deckungsbeitrag 1	**Formel!**
-/- Marketingkosten	Wertfeld VV380
-/- Verkaufsförderung	Wertfeld VVVKF
= Deckungsbeitrag 2	**Formel!**
-/- Fixkosten	Wertfeld VVFIX
= Ergebnis	**Formel!**

Tabelle 2.4: Deckungsbeitragsstruktur

Zusätzlich zu den oben aufgelisteten Wertfeldern benötigt das Beispielunternehmen noch die *Mengenfelder*, die Sie Tabelle 2.5 entnehmen können.

Mengenfeld	Technischer Name in unserem Ergebnisbereich
Absatzmenge	ABSMG
Normierte Absatzmenge	VVAMG

Tabelle 2.5: Verwendete Mengenfelder

2.5.2 Customizing des Beispielergebnisbereichs

Nun wollen wir im SAP-System den beschriebenen Ergebnisbereich definieren.

Ergebnisbereich pflegen

Wie ich bereits erwähnte, werden beim Anlegen eines Ergebnisbereichs automatisch die festen Merkmale generiert, sodass Sie sich um diese bei der Pflege nicht kümmern müssen. Kümmern müssen Sie sich um die freien Merkmale, die Sie sehen wollen, und um die Definition von Wertfeldern.

Zur Definition Ihres Ergebnisbereichs gehen Sie über den Pfad Werkzeuge • Customizing • IMG • Projektbearbeitung ins Customizing; nach Drücken des Buttons SAP Referenz-IMG gelangen Sie in den Customizing-Leitfaden.

> **Transaktionscodes**
>
> Alternativ zur Auswahl des Menüpfads können Sie den Transaktionscode *SPRO* eingeben. Um mit der Eingabe einer Transaktion eine weitere Seite aufzurufen, stellen Sie immer ein /N vor den Namen. Um ins Customizing zu gelangen, geben Sie also /NSPRO ein.

Unter dem Pfad Controlling • Ergebnis- und Marktsegmentrechnung • Strukturen • Ergebnisbereich definieren • Ergebnisbereich pflegen benennen Sie zuerst Ihren Ergebnisbereich, in unserem Beispiel lautet er *Z111*. Nachdem Sie die Bezeichnung hinzugefügt haben, kreuzen Sie noch an, von welchem Typ der Ergebnisbereich sein soll: In unserem Beispiel wollen wir nur die kalkulatorische Form betrachten. Dies sichern Sie. Nach Drücken des Buttons Anlegen öffnet sich zunächst der Tabellenreiter Merkmale. Übernehmen Sie mithilfe des Buttons ◀ aus den Vorlagemerkmalen die Merkmale, die Sie verwenden wollen (siehe Abbildung 2.1).

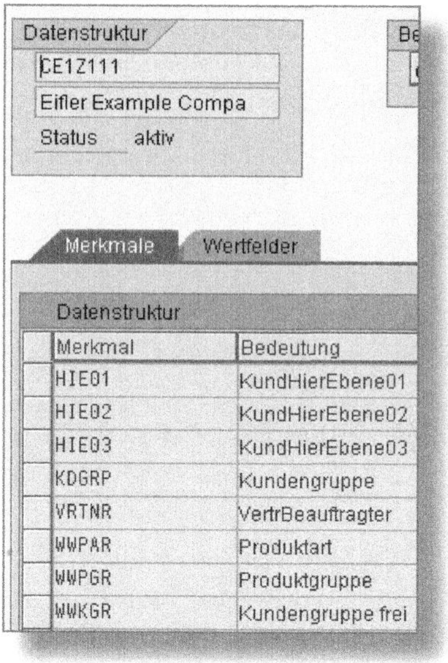

Merkmal	Bedeutung
HIE01	KundHierEbene01
HIE02	KundHierEbene02
HIE03	KundHierEbene03
KDGRP	Kundengruppe
VRTNR	VertrBeauftragter
WWPAR	Produktart
WWPGR	Produktgruppe
WWKGR	Kundengruppe frei

Abbildung 2.1: Freie Merkmale des Ergebnisbereichs Z111

Im Reiter WERTFELDER verfahren Sie analog, um die benötigten Wertfelder zuzuordnen (siehe Abbildung 2.2).

Wertfeld	Bedeutung	Typ
ABSMG	Absatzmenge	Menge
BONUS	Jahresboni	Betrag
ERLOS	Erloes	Betrag
RABAT	Sonst. Rabatte	Betrag
VV070	Skonto	Betrag
VV100	Ausgangsfracht Ist	Betrag
VV150	Materialeinsatz	Betrag
VV180	Fertigungskosten var	Betrag
VV380	Marketingkst CO-OM	Betrag
VVFIX	Fixkosten	Betrag
VVVKF	Verkaufsförderung	Betrag
VVAMG	Alt. Menge	Menge

Abbildung 2.2: Wertfelder des Ergebnisbereichs Z111

Sollten in den Vorlagetabellen noch nicht alle Merkmale oder Wertfelder enthalten sein, die Sie verwenden möchten, müssen Sie diese vorab definieren und aktivieren!

Dazu gehen Sie wieder über den Einführungsleitfaden in das Customizing und wählen als Pfad CONTROLLING • ERGEBNIS- UND MARKTSEGMENTRECHNUNG • STRUKTUREN • ERGEBNISBEREICH DEFINIEREN • MERKMALE PFLEGEN.

Sie benennen Ihr neues Merkmal. Neue Merkmale beginnen immer mit »WW«, Wertfelder mit »VV«. Die neuen Merkmale und Wertfelder müssen fünfstellig sein. Für unser Beispiel sehen wir uns in Abbildung 2.3 das Merkmal WWPGR an, über das wir später Produktgruppen darstellen wollen. Durch Drücken des Buttons ANLEGEN/ÄNDERN gelangen wir in den Pflegemodus des Merkmals.

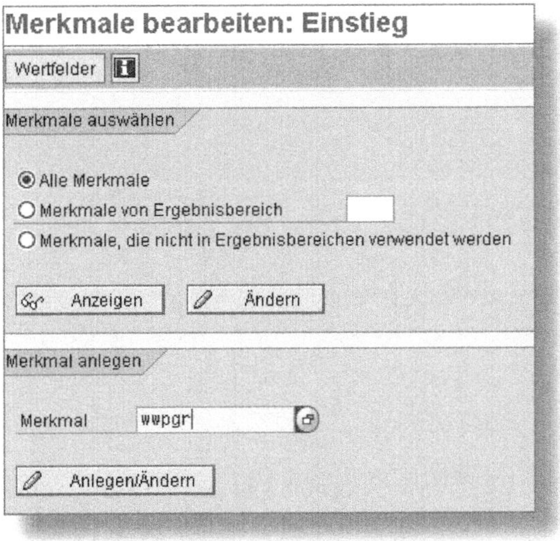

Abbildung 2.3: Einstieg Merkmale pflegen

Beim Anlegen müssen Sie entscheiden, ob Sie ein bestehendes Feld einer SAP-Tabelle als Merkmal anlegen wollen oder ob Sie ein komplett neues Merkmal mit eigener Wertpflege definieren möchten. Wählen Sie die zweite Möglichkeit (wie in diesem Beispiel), müssen Sie noch die BEDEUTUNG des Merkmals benennen. Danach sichern und aktivieren Sie Ihr neues Merkmal. Das System legt automatisch für

Ihr neues Merkmal eine Prüftabelle an. Das Ergebnis Ihrer Mühe zeigt Ihnen Abbildung 2.4.

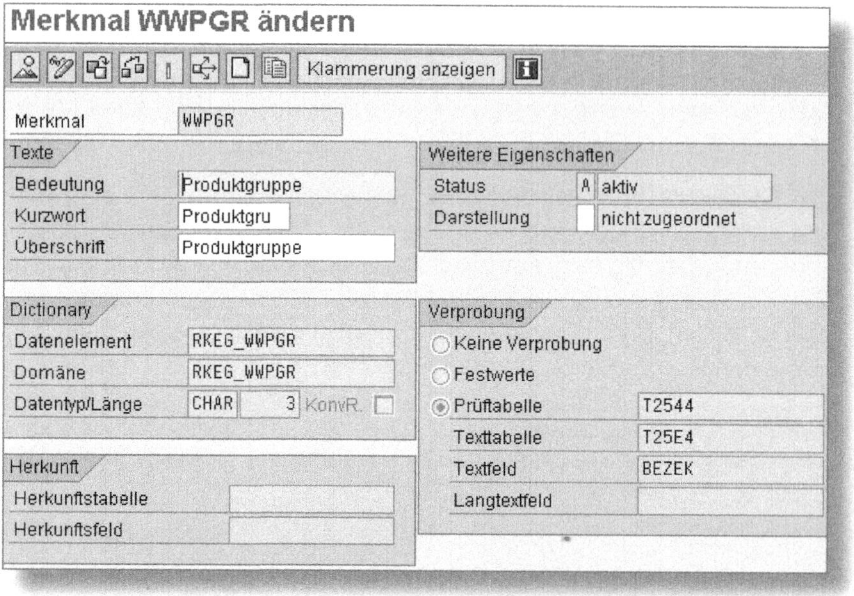

Abbildung 2.4: Ergebnis Merkmalspflege

Bei der Definition von Wertfeldern ist das Vorgehen analog zu Merkmalen. Neue Wertfelder beginnen immer mit »VV«, Sie müssen bei der Definition bereits entscheiden, ob das Wertfeld später eine Menge oder einen Betrag darstellen soll.

Wenn Sie neue Merkmale und Wertfelder definiert haben, können Sie sie in der Pflege Ihres Ergebnisbereichs verwenden. Dazu ordnen Sie sie dem Ergebnisbereich zu, wie weiter oben in diesem Abschnitt dargestellt.

Nun sichern Sie Ihren Ergebnisbereich. Das System legt neue Strukturtabellen an, die die Daten des Ergebnisbereichs enthalten, z. B. die Struktur CE1Z111. Nun den Button drücken – eine Massenaktivierung wird durchgeführt. Mit dem Zurückgehen (grüner Pfeil nach links) stellt Ihnen das System die Frage aus Abbildung 2.5.

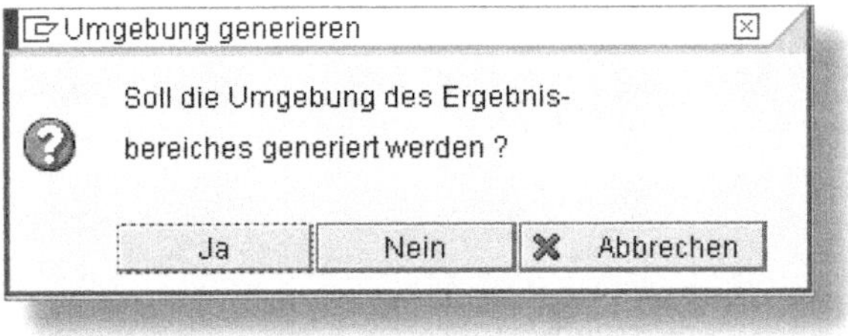

Abbildung 2.5: Umgebung generieren

Hier sagen Sie »Ja«. Mandantenunabhängige und mandantenabhängige Objekte werden generiert und es erscheint die Meldung: »Die Umgebung wurde vollständig generiert«.

Achten Sie ferner darauf, dass Sie die Attribute des Ergebnisbereichs pflegen. Wir verwenden für unser Beispiel die Ergebnisbereichswährung EUR und die Geschäftsjahresvariante K4 (12 Perioden plus vier Sonderperioden).

Am Ende der Pflege des Ergebnisbereichs sollten alle sichtbaren Ampeln auf Grün sein (auch im Tabellenreiter UMGEBUNG), siehe dazu auch Abbildung 2.6 und Abbildung 2.7.

Abbildung 2.6: Grüne Ampel Ergebnisbereich

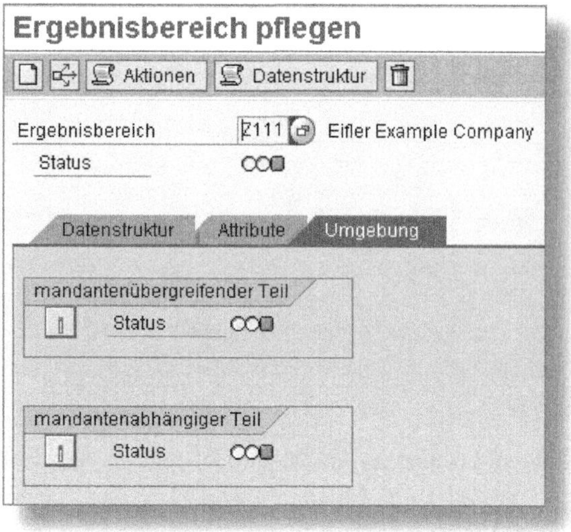

Abbildung 2.7: Grüne Ampeln für die Ergebnisbereichsumgebung

Ergebnisbereich zuordnen

Der Ergebnisbereich ist eine organisatorische Einheit des SAP-Systems. Er muss deshalb in die Organisationsstrukturen des SAP-Systems eingebettet werden. Für unser einfaches Beispiel verwenden wir einen Buchungskreis ET11, einen Kostenrechnungskreis ET01 und den gerade gepflegten Ergebnisbereich Z111. Im Customizing-Leitfaden ordnen Sie unter UNTERNEHMENSSTRUKTUR • ZUORDNUNG • CONTROLLING zuerst den Buchungskreis dem Kostenrechnungskreis zu, danach wird der Kostenrechnungskreis dem Ergebnisbereich zugeordnet (siehe dazu auch Abbildung 2.8 und Abbildung 2.9).

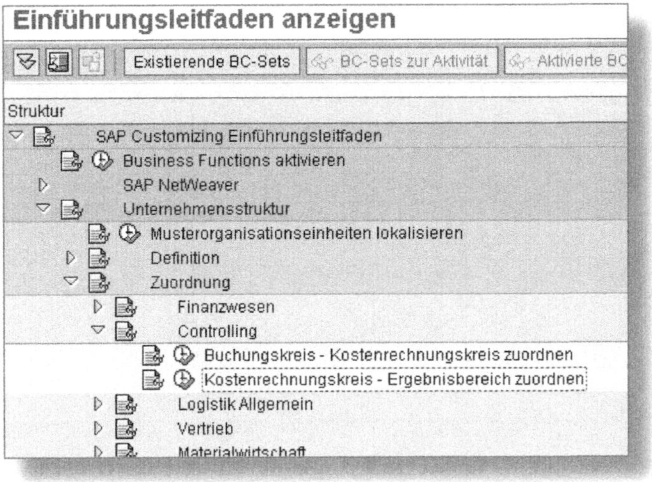

Abbildung 2.8: Pfad zur Zuordnung des Ergebnisbereichs zum Kostenrechnungskreis

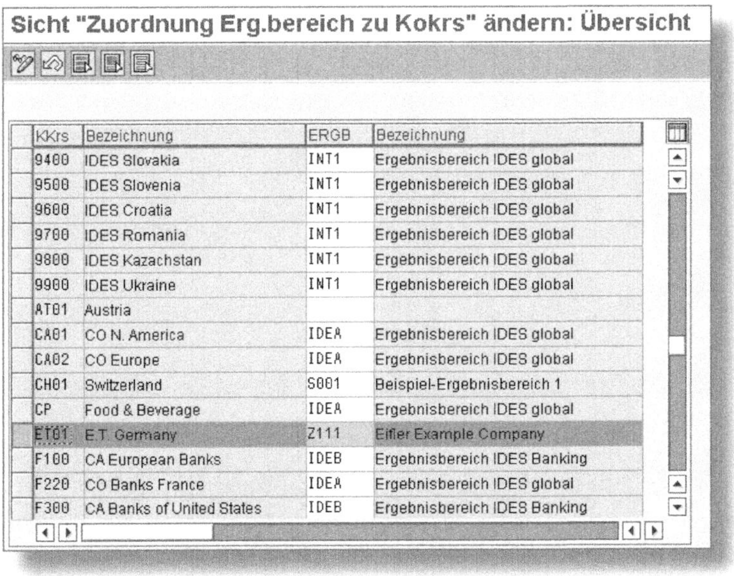

KKrs	Bezeichnung	ERGB	Bezeichnung
9400	IDES Slovakia	INT1	Ergebnisbereich IDES global
9500	IDES Slovenia	INT1	Ergebnisbereich IDES global
9600	IDES Croatia	INT1	Ergebnisbereich IDES global
9700	IDES Romania	INT1	Ergebnisbereich IDES global
9800	IDES Kazachstan	INT1	Ergebnisbereich IDES global
9900	IDES Ukraine	INT1	Ergebnisbereich IDES global
AT01	Austria		
CA01	CO N. America	IDEA	Ergebnisbereich IDES global
CA02	CO Europe	IDEA	Ergebnisbereich IDES global
CH01	Switzerland	S001	Beispiel-Ergebnisbereich 1
CP	Food & Beverage	IDEA	Ergebnisbereich IDES global
ET01	E.T. Germany	Z111	Eifler Example Company
F100	CA European Banks	IDEB	Ergebnisbereich IDES Banking
F220	CO Banks France	IDEA	Ergebnisbereich IDES global
F300	CA Banks of United States	IDEB	Ergebnisbereich IDES Banking

Abbildung 2.9: Zuordnung Z111 zu ET01

Mit der Zuordnung des Ergebnisbereichs zum Kostenrechnungskreis ist der Ergebnisbereich aktiv. Sie können sich diese Zuordnung zusätzlich unter dem Pfad gemäß Abbildung 2.10 ansehen.

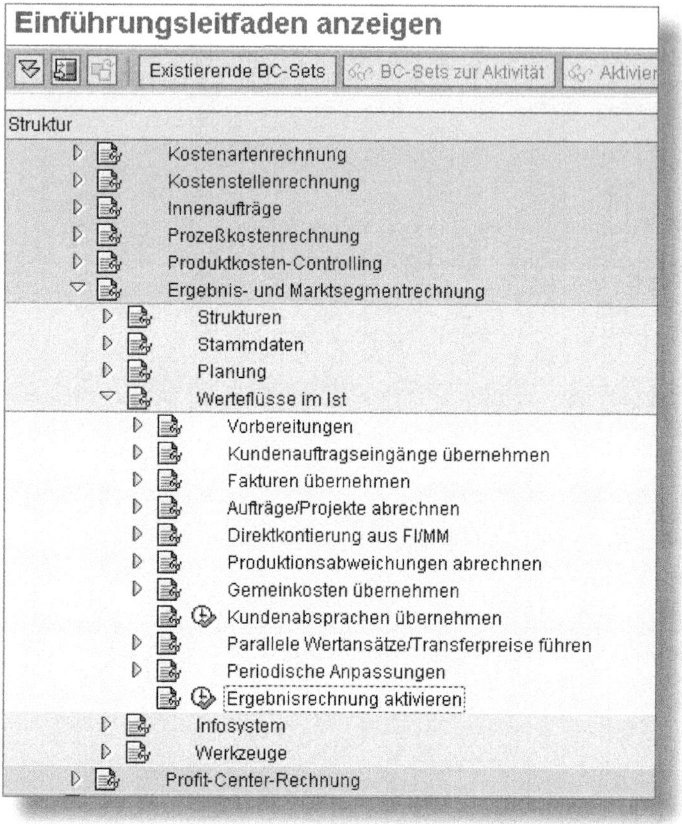

Abbildung 2.10: Pfad im Einführungsleitfaden zur Aktivierung des Ergebnisbereichs

Führen Sie den Schritt ERGEBNISRECHNUNG AKTIVIEREN aus, gelangen Sie in ein erweitertes Zuordnungsbild des Ergebnisbereichs zum Kostenrechnungskreis (siehe Abbildung 2.11).

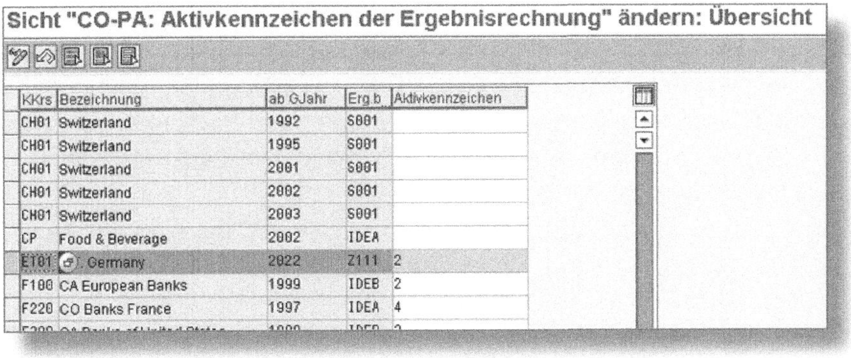

Abbildung 2.11: Aktivkennzeichen der Ergebnisrechnung

Das AKTIVKENNZEICHEN »2« bedeutet, dass die kalkulatorische Ergebnisrechnung aktiv ist, »4« würde bedeuten, dass sowohl die kalkulatorische als auch die buchhalterische Ergebnisrechnung aktiviert sind. Ist die Spalte AKTIVKENNZEICHEN leer, so ist der Ergebnisbereich ebenfalls nicht aktiv (siehe dazu auch Abbildung 2.12)!

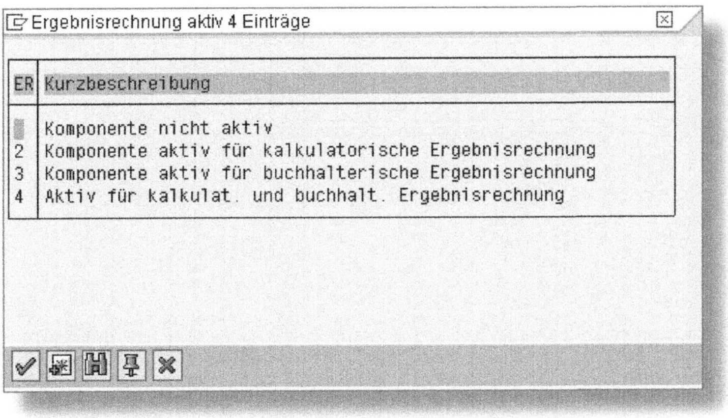

Abbildung 2.12: Aktivkennzeichen der Ergebnisrechnung

Ergebnisbereich definieren

Um besser zu verdeutlichen, wie Sie eigene Merkmale und Wertfelder anlegen und darauf basierend einen Ergebnisbereich erstellen, habe ich ein Video vorbereitet. Sie können dieses über *http://video1.copa.espresso-tutorials.de* abrufen.

In Kapitel 2 habe ich Ihnen einiges zu den Strukturen und Stammdaten im CO-PA erzählt. In den weiteren Kapiteln wollen wir den angelegten Ergebnisbereich weiter mit Leben füllen. Ich zeige Ihnen, wie Sie die definierten Merkmale ableiten (Kapitel 3), Bewertungen Ihrer Wertfelder vornehmen (Kapitel 4), wie Sie Wertfelder im Ist (Kapitel 5) oder im Plan (Kapitel 6) füllen und wie Sie die Ergebnisse Ihrer Bemühungen anschließend darstellen können (Kapitel 7).

3 Merkmalsableitungen

In diesem Kapitel behandeln wir das Thema, wie Merkmale gefüllt und abgeleitet werden. Ich erläutere Ihnen, was Merkmalsableitungen sind, und zeige Ihnen anschließend für unser durchgängiges Beispiel fünf mögliche Formen der Merkmalsableitung.

3.1 Was sind Merkmalsableitungen?

Wenn Sie sich die Frage stellen, was die tiefste Ebene ist, auf der es noch sinnvoll ist, Kosten und Erlöse im CO-PA auszuwerten, werden Sie zu dem Ergebnis kommen, dass die tiefste Ebene in der Kombination Kunde/Artikel erreicht ist. Was meine ich damit? Ein Beispiel: Sie verkaufen Ihren Artikel A1 an den Tante-Emma-Laden an der Ecke, hier den Kunden K1. Dann können Sie z. B. eine Analyse oder eine Deckungsbeitragsrechnung für den Artikel A1 beim Kunden K1 erzeugen. Wenn Sie nun die Daten auf einer etwas höheren Ebene sehen wollen, könnten Sie beispielsweise über die Kundengruppe KG1 berichten, zu der der Kunde K1 gehört. Wie kommen denn die Daten auf die Kundengruppe KG1, wir haben doch beispielsweise nur eine Rechnung erstellt an den Kunden K1, der den Artikel A1 bezogen hat? Dies funktioniert über sogenannte *Merkmalsableitungen*.

Zum Zeitpunkt der Buchung wurde aus dem Kundenstamm des Kunden K1 die Kundengruppe KG1 abgeleitet und als zusätzliches Merkmal gefüllt. Rufen Sie jetzt z. B. einen Bericht mit der Selektion Kundengruppe KG1 auf, so finden Sie die analogen Daten des Kunden K1. Interessant wird natürlich ein Reporting auf höher aggregierten Ebenen, wenn viele einzeln gebuchte Belege in das CO-PA gebucht wurden und Sie diese auf einer höheren Ebene auswerten wollen. Merkmalsableitungen werden bei allen CO-PA-relevanten Vorgängen durchgeführt.

3.2 Welche Formen der Merkmalsableitung gibt es?

Je nachdem, für welche Merkmale Sie entschieden haben, zukünftig mit ihnen zu arbeiten, erlaubt Ihnen CO-PA unterschiedliche Methoden, diese Merkmale abzuleiten bzw. genauer gesagt bei der Buchung von Belegen den Merkmalen Merkmalsausprägungen mitzugeben. Folgende Formen gibt es:

- Zuordnung
- Tabellenzugriff
- SAP-Erweiterung
- Initialisierung
- Ableitungsregel

Ich werde die Bedeutung dieser Formen im nächsten Abschnitt anhand unserer Beispieldaten erläutern.

Ferner können Sie die definierten Merkmalsableitungen in einer logischen Reihenfolge schrittweise abarbeiten. Dafür entwickeln Sie eine Merkmalsableitungsstrategie.

Was ist denn eine *Merkmalsableitungsstrategie*? Das CO-PA ermöglicht es Ihnen, alle Ableitungsschritte in einer logischen Reihenfolge bei der Merkmalsableitung durchzuführen. Eine Merkmalsableitungsstrategie legen Sie im Customizing an. Über CONTROLLING • ERGEBNIS- UND MARKTSEGMENTRECHNUNG • STAMMDATEN • MERKMALSABLEITUNG DEFINIEREN gelangen Sie an die richtige Stelle. Zunächst ist die dargestellte Tabelle leer, denn das System weiß ja noch nicht, was Sie ableiten wollen. Aber Sie können nun Schritt für Schritt festlegen, in welcher logischen Reihenfolge SAP welche Merkmale wie ableiten soll. Sie können zum Beispiel durchaus Abhängigkeiten in Ihrer Strategie hinterlegen, wie etwa: »Leite erst Merkmal XY ab. Danach leite auf Basis des Merkmals XY das Merkmal YZ ab«. Abbildung 3.1 zeigt Ihnen eine mögliche Merkmalsableitungsstrategie.

Falls irgendwann einmal Merkmalsableitungsschritte vorgezogen werden sollen, fangen wir in unserem Beispiel mit dem Schritt 16 an (falls Sie sich an dieser Stelle wundern sollten).

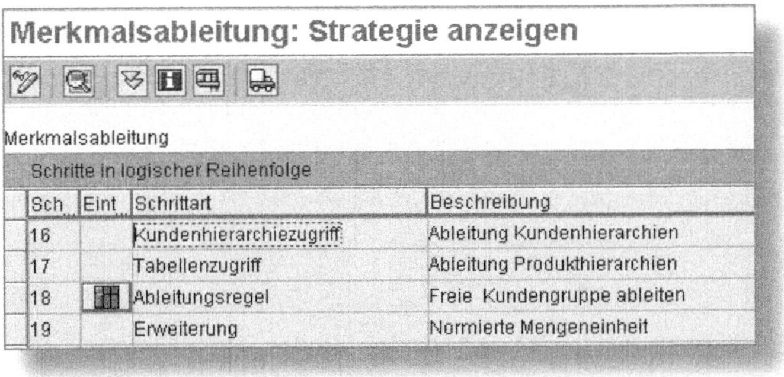

Abbildung 3.1: Beispiel einer Merkmalsableitungsstrategie

! Ohne Strategie keine Merkmalsableitung

Die Merkmalsableitungsstrategie ist zwingende Voraussetzung, damit im CO-PA überhaupt Merkmalsableitungen vorgenommen werden können. Ohne diese Strategie geht dies nicht!

3.3 Merkmalsableitungen für unser Beispiel

In Tabelle 3.1 haben wir für unsere Beispieldaten beschrieben, welche Merkmale mit welchen Merkmalsausprägungen abgeleitet werden sollen. Über den Kundenstamm wollen wir drei Kundenhierarchiemerkmale sowie die Kundengruppe und den Vertreter des Kunden ableiten.

Kunde	Kd.-Hier. Ebene 1	Kd.-Hier. Ebene 2	Kd.-Hier. Ebene 3	Kd.-Gruppe	Vertreter
K1	KH11	KH21	K1	KG1	50995
K2	KH12	KH23	K2	KG1	50995
K3	KH11	KH22	K3	KG2	81000
K4	KH12	KH23	K4	KG2	50995
K5	KH11	KH21	K5	KG3	81000
K6	KH11	KH21	K6	KG3	50995

Tabelle 3.1: Merkmalszuordnungen für Kunden

3.3.1 Zuordnung

Zuerst leiten wir aus dem Kundenstamm die sogenannte *Kundenhierarchie* für die drei Merkmale Kundenhierarchieebene 1, 2 und 3 per Zuordnung ab. Wenn Sie das SAP-ERP-Modul SD (Sales and Distribution) im Einsatz haben, können Sie diese Kundenhierarchien im SD anlegen.

> **Exkurs: Wie pflegt man eine Kundenhierarchie im SD?**
>
> Mithilfe von Kundenhierarchien können Sie Ihre Kunden hierarchisch ordnen. Gemäß unserem obigen Beispiel finden wir unseren Kunden K1 auf Kundenhierarchieebene 3 wieder, er gehört direkt zur Kundenhierarchie KH21 auf Ebene 2, diese wiederum zur Kundenhierarchie KH11 auf Ebene 1. Pflegen können Sie Kundenhierarchien über den Pfad LOGISTIK • VERTRIEB • STAMMDATEN • GESCHÄFTSPARTNER • KUNDENHIERARCHIE • BEARBEITEN oder Transaktion VDH1N. Der zugehörige Selektionsbildschirm ist in Abbildung 3.2 zu sehen.

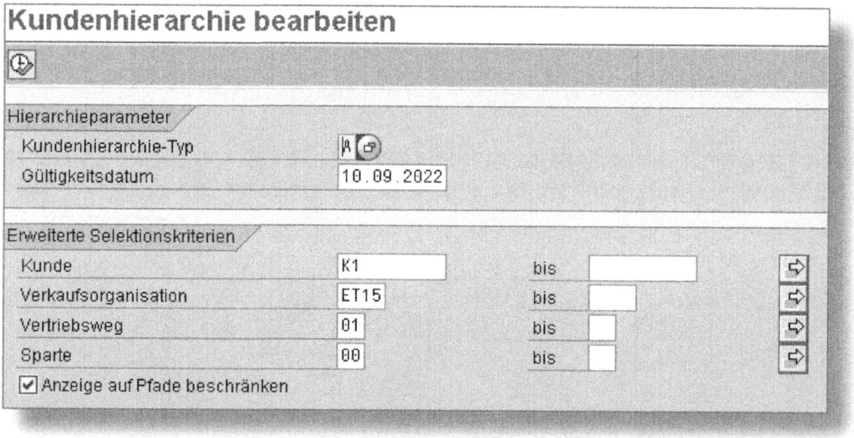

Abbildung 3.2: Kundenhierarchie bearbeiten

In unserem Beispiel pflegen wir die Kundenhierarchie zum Typ A (Sie können unterschiedliche Typen für Standardhierarchien definieren, Typ A ist der SAP-Standard) und legen ein Gültigkeitsdatum fest, an dem wir die Kundenhierarchie bearbeiten wollen. Beispielhaft pflegen wir die Hierarchie für Kunde K1.

Hierarchieknoten

Alle Knoten, die Sie als Hierarchieknoten über K1 abbilden wollen, also jetzt KH11 und KH21, müssen vorab ebenfalls als Kundenstamm in dem Vertriebsbereich angelegt sein!

Wenn Sie gemäß obiger Selektion ausführen, können Sie mithilfe des angezeigten Anlege- oder Bearbeitungsbuttons die Kundenhierarchie für Kunde K1 pflegen (siehe Abbildung 3.3).

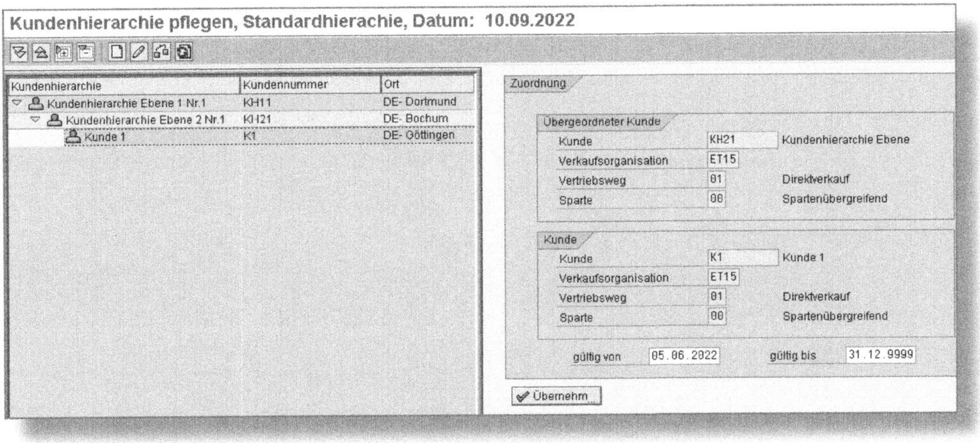

Abbildung 3.3: Pflege der Kundenhierarchie für Kunde K1

Haben Sie für alle unsere Endkunden K1 bis K6 die Kundenhierarchien gepflegt, sieht Ihr Bildschirm in etwa aus wie in Abbildung 3.4.

Abbildung 3.4: Komplette Kundenhierarchie für unser Beispiel

Reicht die im SD gepflegte Kundenhierarchie jetzt aus, damit im CO-PA die entsprechenden Kundenhierarchiemerkmale abgeleitet werden? Nein, vorab müssen Sie noch Folgendes tun:

1. Einen Ableitungsschritt in Ihrer Merkmalsableitungsstrategie definieren
2. Das Feld HIERARCHIEZUORDNUNG in den Allgemeinen Daten des Kundenstamms füllen

Einen Ableitungsschritt definieren Sie in der Pflege der Merkmalsableitung, indem Sie einen neuen Schritt anlegen und dann ABLEITUNGSREGEL auswählen. Im Detail sieht der Strategieschritt gemäß Abbildung 3.5 aus.

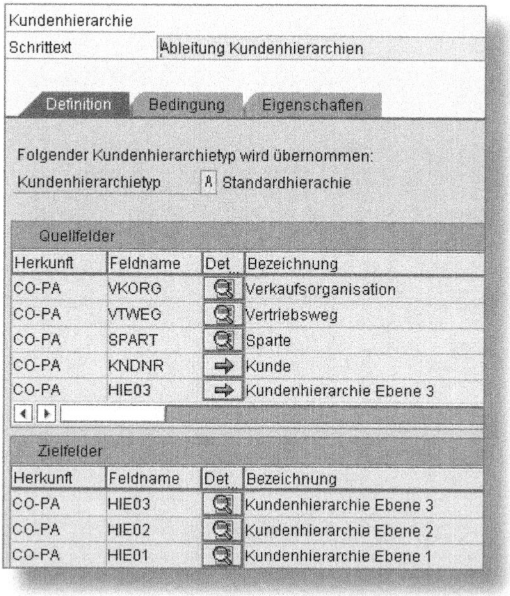

Abbildung 3.5: Detail Ableitungsschritt Kundenhierarchie

Die Definition enthält Quellfelder und Zielfelder. Die Quelle ist deshalb so zu definieren, weil wir die Hierarchie aus dem Kundenstamm ableiten wollen. Im SD wird ein Kunde immer zu einem Vertriebsbereich angelegt. Der Vertriebsbereich besteht stets aus den drei Feldern

Verkaufsorganisation, Vertriebsweg und Sparte. Deswegen stehen diese drei Felder auch in der Quelle.

Die Überleitung der richtigen Hierarchiestufe eines Kunden erfolgt über das Feld Hierarchiezuordnung in den Allgemeinen Daten des Kundenstamms (siehe Abbildung 3.6).

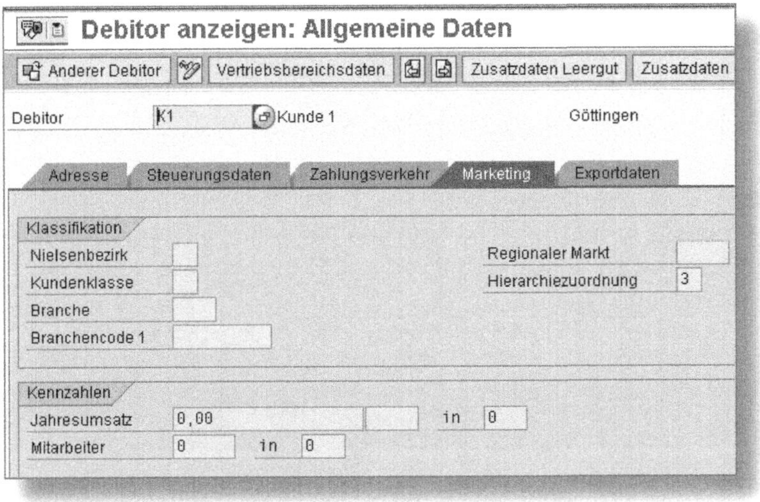

Abbildung 3.6: Hierarchiezuordnungsfeld im Kundenstamm

Jede Kundenhierarchie wird also als ganz normaler Kundenstamm angelegt, aber erst die zusätzliche Pflege in der SD-Kundenhierarchie zum Kundenhierarchietyp A sowie die Füllung des obigen Feldes Hierarchiezuordnung adelt diesen Kundenstamm als Kundenhierarchie.

Da wir in diesem Beispiel nur mit drei Kundenhierarchieebenen arbeiten wollen, stellen unsere ursprünglichen Kundenstämme K1 bis K6 auch hier die unterste Kundenhierarchiestufe dar und bekommen im Kundenstamm die Zahl 3 als Hierarchiezuordnung. Der Kunde KH11 wurde ebenfalls als Kundenstamm angelegt und bekommt zusätzlich die 1 in das Feld »Hierarchiezuordnung«, und so weiter.

Um eine korrekte Konfiguration überprüfen zu können, empfiehlt es sich, mittels Transaktion KE21 einen Geschäftsvorgang zu simulieren. Mit dieser Transaktion können Sie manuell einen Einzelposten im CO-PA erzeugen. Dazu geben Sie zunächst die Stammdaten ein, aus denen abgeleitet werden soll, wie Kunde, Verkaufsorganisation etc. (siehe Abbildung 3.7).

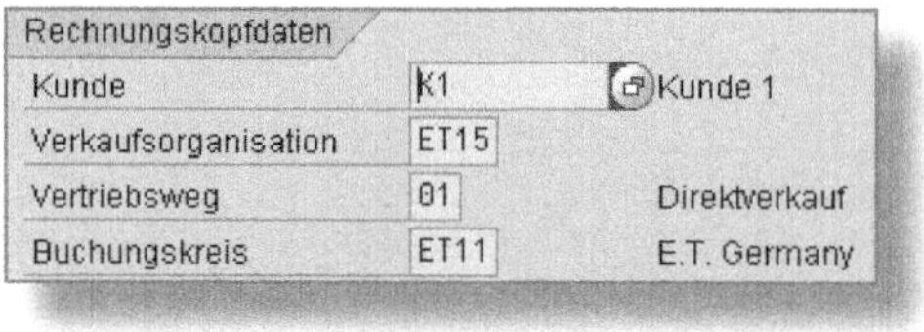

Abbildung 3.7: Rechnungskopfdaten des Simulationsbelegs

Drücken Sie dann auf den Button ABLEITUNG, so sehen Sie, dass für den Kunden K1 inklusive Logistikdaten die Kundenhierarchie auf allen drei Ebenen, wie im Abschnitt 3.3 vorgegeben, abgeleitet werden kann (siehe Abbildung 3.8).

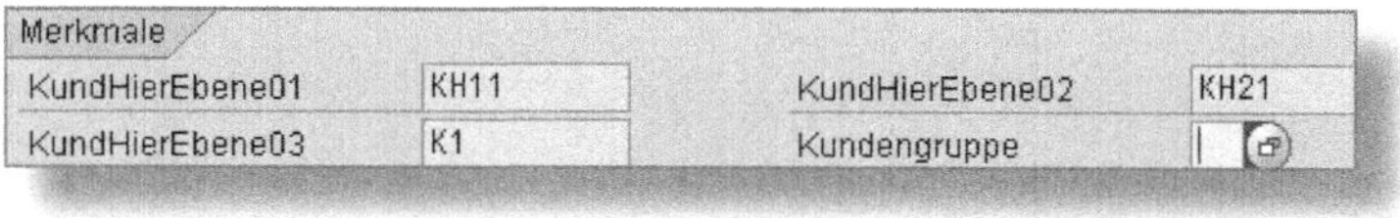

Abbildung 3.8: Beweis der Ableitung der SD-Kundenhierarchie im CO-PA

Ist der Ableitungsschritt fertiggestellt, sieht unsere Merkmalsableitungsstrategie so aus wie in Abbildung 3.9. Für den Fall, dass irgendwann einmal Merkmalsableitungsschritte vorgezogen werden sollen, fangen wir in unserem Beispiel mit dem Schritt 16 an (falls Sie sich an dieser Stelle wundern sollten).

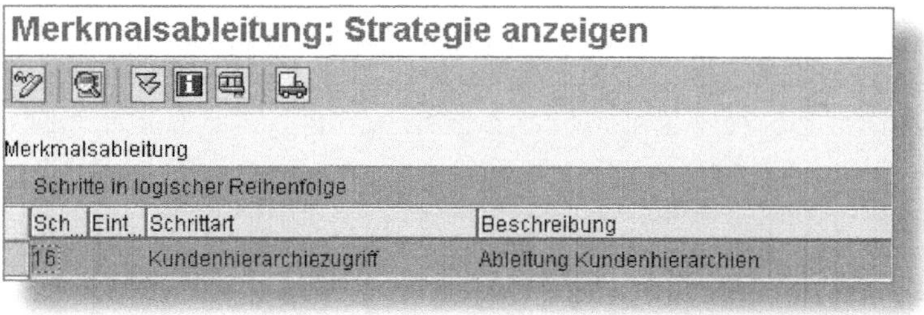

Abbildung 3.9: Ableitungsschritt zur Ableitung der Kundenhierarchie

3.3.2 Tabellenzugriff

Als Beispiel für den Tabellenzugriff wählen wir Merkmale, die sich aus dem Artikelstamm ableiten lassen. In der Grunddatensicht eines Artikelstamms, den Sie im SAP-ERP-Modul MM anlegen, gibt es das Feld PRODUKTHIERARCHIE (der technische Name dieses Feldes lautet MARA-PRDHA). Dieses Feld kann bis zu 18 Stellen groß sein. Gemäß Abschnitt 2.5.1 wollen wir zwei Merkmale aus dem Artikelstamm heraus ableiten: Produktart und Produktgruppe. Beide Merkmale sollen definitionsgemäß jeweils 3 Stellen haben. Beispielsweise steht im Feld PRODUKTHIERARCHIE des Artikels A1 die Kombination PA1PG2. Im Rahmen des Tabellenzugriffs werden nun die ersten 3 Stellen des Tabellenfeldes »Produkthierarchie« dem Zielmerkmal Produktart, die letzten 3 Stellen dem Zielmerkmal Produktgruppe zugeordnet. Demnach gehört also der Artikel A1 zur Produktart PA1 und zur Produktgruppe PG2. Sofern das Feld PRODUKTHIERARCHIE für den Artikelstamm A1 nicht verändert wird, werden bei jeder Buchung des Artikels A1 diese Merkmale zusätzlich abgeleitet und stehen z. B. für Auswertungen zur Verfügung. Wird das Feld irgendwann doch geändert, werden die CO-PA-Merkmale ab dem Änderungsdatum mit neuen Merkmalsausprägungen versorgt.

Ich werde Ihnen nun die dafür notwendigen Schritte im Customizing zeigen. Dabei gehen wir von der Ausgangslage aus, die in Tabelle 3.2 dargestellt ist.

Artikel	Produktart	Produktgruppe
A1	PA1	PG2
A2	PA2	PG1
A3	PA2	PG3
A4	PA1	PG3
A5	PA1	PG2
A6	PA2	PG1

Tabelle 3.2: Beispiel für eine Produkthierarchie

In der Grunddatensicht der Artikel 1 bis 6 wurde das Feld PRODUKTHIERARCHIE von Ihrem Stammdatenteam jeweils gefüllt, z. B. für den Artikel A1 mit dem Wert PA1PG20000 (siehe Abbildung 3.10).

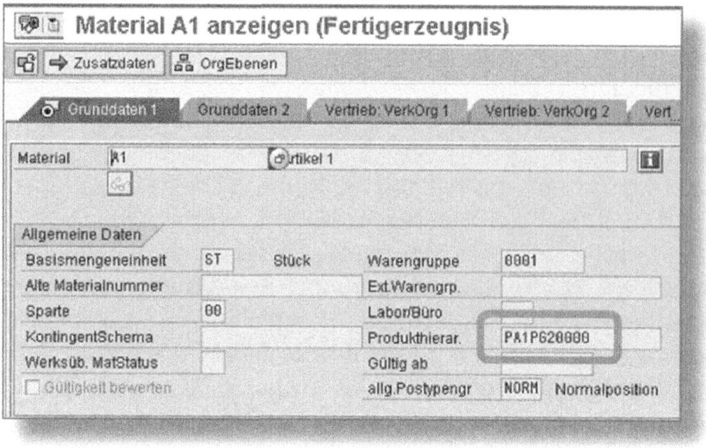

Abbildung 3.10: Produkthierarchie im Materialstamm

Mithilfe der bereits in Abschnitt 3.3.1 beschriebenen Merkmalsableitungsstrategie wollen wir nun z. B. für Artikel A1 das Feld PRODUKTHIERARCHIE mit seiner Ausprägung PA1PG20000 so auslesen, dass für das Merkmal Produktart die ersten 3 Stellen ausgelesen werden (also PA1) und für das Merkmal Produktgruppe die Stellen 4 bis 6, also PG2. Da das Feld PRODUKTHIERARCHIE bis zu 18 Stellen groß sein kann, wir aber im Beispiel nur die ersten sechs Stellen benötigen, werden die restlichen Stellen im Beispiel mit »0« aufgefüllt.

Wir definieren nun einen weiteren Ableitungsschritt im Customizing der Ergebnisrechnung, im Beispiel Schritt 17 (siehe Abbildung 3.11).

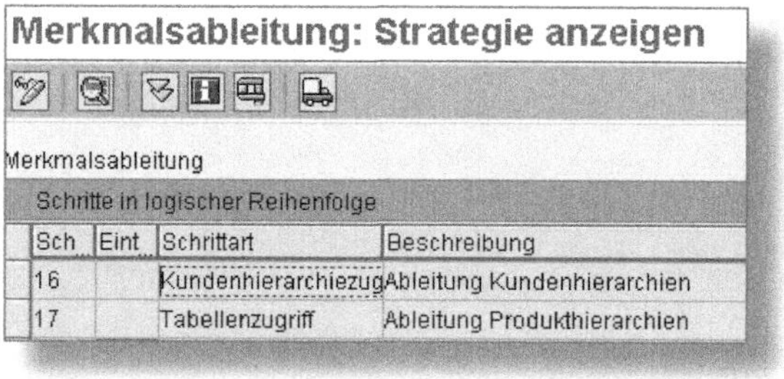

Abbildung 3.11: Ableitungsschritt Produkthierarchie

Mithilfe der Lupe sehen wir uns die Details dieses Ableitungsschrittes an (siehe Abbildung 3.12). Auch hier müssen Sie wieder eine Quelle und ein Ziel definieren. Die Quelle finden wir in der Grunddatensicht des Materialstamms. Die zugehörige SAP-Tabelle nennt sich MARA. Das CO-PA-Merkmal Artikel (ARTNR) entspricht der Materialnummer des Materialstamms ❶. Im Ziel weisen wir nun dem Produkthierarchiefeld des Materialstamms (MARA-PRDHA) unsere frei definierten Merkmale WWPAR und WWPGR zu und sagen dabei, dass das Merkmal WWPAR aus den ersten drei Stellen des Feldes MARA-PRDHA zu lesen ist ❷ und das Merkmal WWPGR aus den Stellen vier bis sechs (+3(3)) ❸.

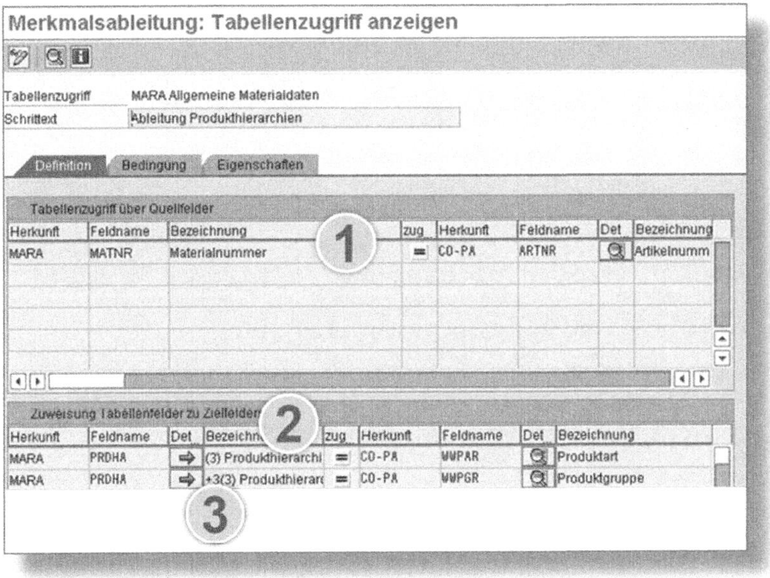

Abbildung 3.12: Detail Ableitungsschritt Produkthierarchie

Für Artikel A1 liest also CO-PA für das Merkmal Produktart PA1 und für das Merkmal Produktgruppe PG2 aus. Aber: Was bedeutet eigentlich PA1 und was bedeutet PG2? Beim Anlegen des Ergebnisbereichs Z111 wurden diese beiden Merkmale frei und ohne Vorlagetabelle definiert. Deswegen müssen wir dem CO-PA die entsprechenden Merkmalsausprägungen bekannt machen. Die Bekanntmachung funktioniert über die Transaktion KES1 oder über den Pfad im Anwendungsmenü RECH-

NUNGSWESEN • CONTROLLING • ERGEBNIS- UND MARKTSEGMENTRECHNUNG • STAMMDATEN • MERKMALSWERTE ÄNDERN (siehe Abbildung 3.13).

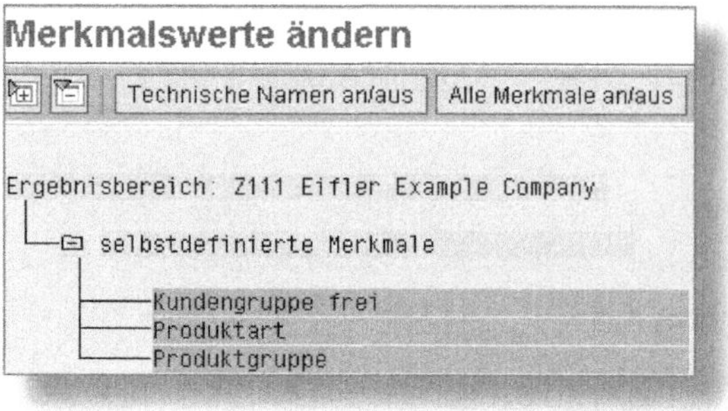

Abbildung 3.13: Pflege von Merkmalsausprägungen

Durch Doppelklick auf das jeweilige Merkmal können Sie seine Merkmalsausprägungen pflegen (siehe Abbildung 3.14 und Abbildung 3.15).

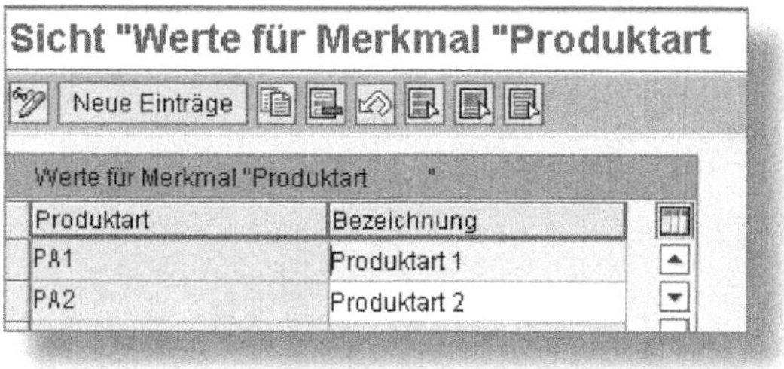

Abbildung 3.14: Merkmalsausprägungen des Merkmals Produktart

Abbildung 3.15: Merkmalsausprägungen des Merkmals Produktgruppe

Wenn nun ein CO-PA-Beleg erzeugt wird, sehen Sie, dass die Produkthierarchien für Ihre neuen Merkmale abgeleitet werden (wieder durch Simulation mit KE21, siehe Abbildung 3.16 und Abbildung 3.17).

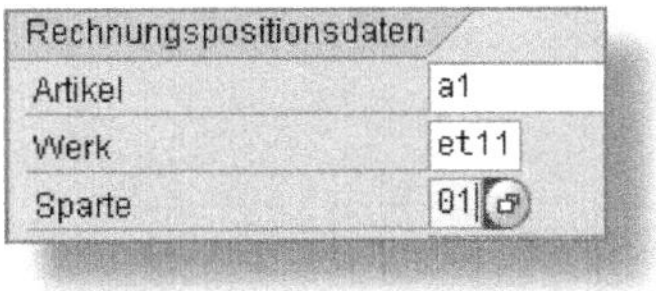

Abbildung 3.16: Rechnungspositionsdaten des Simulationsbelegs

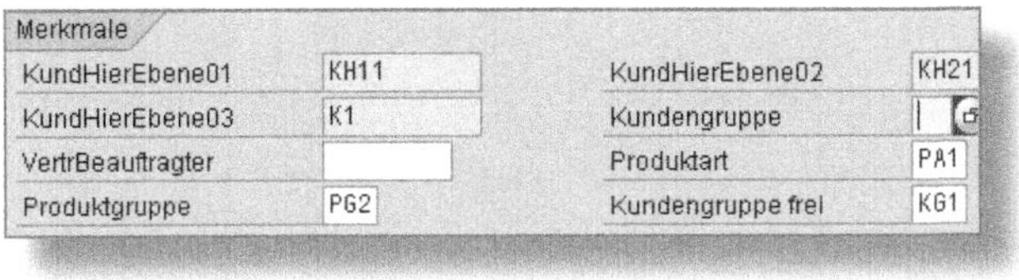

Abbildung 3.17: Beweis der Ableitung der Produkthierarchie im CO-PA

Merkmalsableitung

In einem Video können Sie noch einmal im Detail nachvollziehen, wie Sie eine Merkmalsableitung anlegen. Sie können dieses über *http://video2.copa.espresso-tutorials.de* abrufen.

3.3.3 SAP-Erweiterung

Fast in jedem SAP-Baustein gibt es die Möglichkeit, sogenannte *User-Exits* zu pflegen. Hier bietet SAP die Möglichkeit, im Rahmen der SAP-Standardsoftware Ausgänge zu finden, in die ein Benutzer seine eigene Programmierung mithilfe der Programmiersprache ABAP einbauen kann, ohne dabei die Standardsoftware zu verändern und womöglich die Gewährleistung seitens der SAP zu gefährden. Derartige User-Exits existieren, wen wundert es, natürlich auch im Königsmodul CO-PA. Einen User-Exit gibt es für Merkmalsableitungen, die mit den normalen Standardmerkmalsableitungsformen nicht zum Ziel führen. Ich hatte mich zunächst entschieden, in unserem Beispiel keinen User-Exit für die Merkmalsableitung zu beschreiben, um die Anfänger im CO-PA nicht zu verwirren oder gar dazu zu bringen, ab dieser Stelle nicht mehr weiterzulesen. Wem es zu technisch ist, kann das Kapitel ruhig überspringen, dem interessierten Anwender wird es aber vielleicht ganz neue Möglichkeiten aufzeigen. Mag sein, dass ich bei dem einen oder anderen die Fantasie anrege ...

Wie angekündigt, werden wir die Absatzmengen zusätzlich als normierte Mengen umrechnen, sodass die unterschiedlichen Artikel miteinander vergleichbar sind. Die normierte Menge benötigt eine Mengeneinheit, die nicht automatisch gefüllt wird. Für unser Beispiel gehen wir einmal davon aus, dass jeder Artikel über sein Gewicht mit anderen Artikeln vergleichbar ist. Daher wählen wir als normierte Mengeneinheit KG (Kilogramm).

Jedem Verkaufsartikel müssen wir nun einen Umrechnungsfaktor für die Umrechnung seiner Basismengeneinheit in die normierte Menge mitteilen. Dies passiert im SAP-Modul MM, und zwar in den Zusatzangaben eines Artikels. Dazu müssen Sie über die Transaktion MM02 in die Sicht GRUNDDATEN 1 des Artikels gehen und von dort in die Zusatzdaten. Nun wählen Sie den Tabellenreiter MENGENEINHEITEN und sehen folgendes Bild analog Abbildung 3.18.

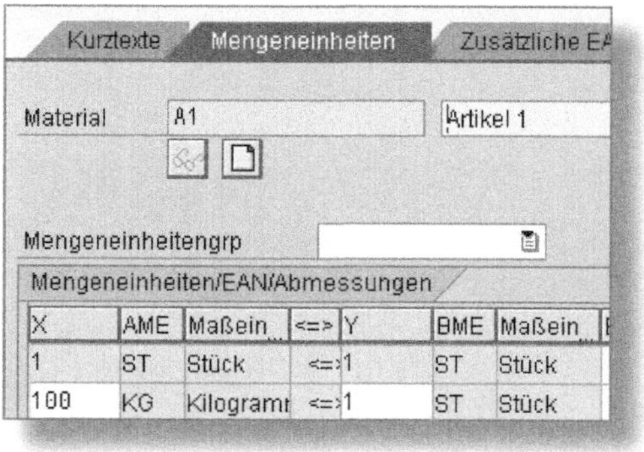

Abbildung 3.18: Alternative Mengeneinheiten eines Artikels

Artikel A1 wiegt pro Stück 100 KG, das heißt nun für unseren User-Exit, dass die normierte Mengeneinheit KG abzuleiten ist. Einen CO-PA-User-Exit findet man über das Customizing der Ergebnis- und Marktsegmentrechnung, dort unter WERKZEUGE • SAP-ERWEITERUNGEN. Sie legen ein Projekt an und ordnen die Komponente COPA0001 zu. Durch Doppelklick auf die Komponente gelangen Sie zum Include ZXKKEU11, den Sie nun mit Leben füllen dürfen, sofern Sie in Ihrem System einen Entwicklerschlüssel besitzen. Zunächst pflegen Sie den Kopf des User-Exits ähnlich der Abbildung 3.19.

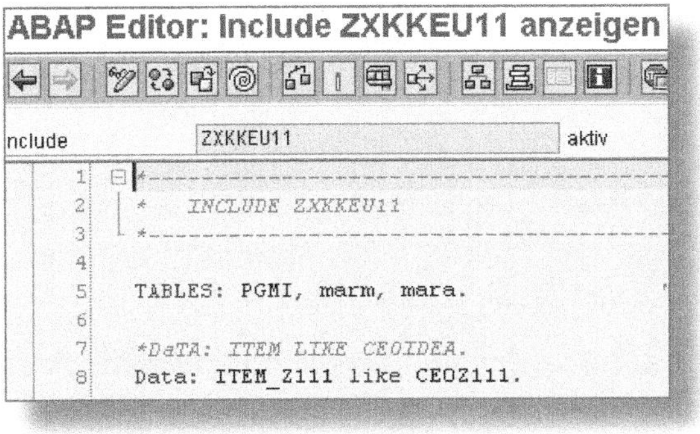

Abbildung 3.19: Kopf User-Exit zur Merkmalsableitung

Danach fügen Sie die Zeile *CASE I_OPERATING_CONCERN ein*. Anschließend folgt das Coding, das in Abbildung 3.20 dargestellt ist.

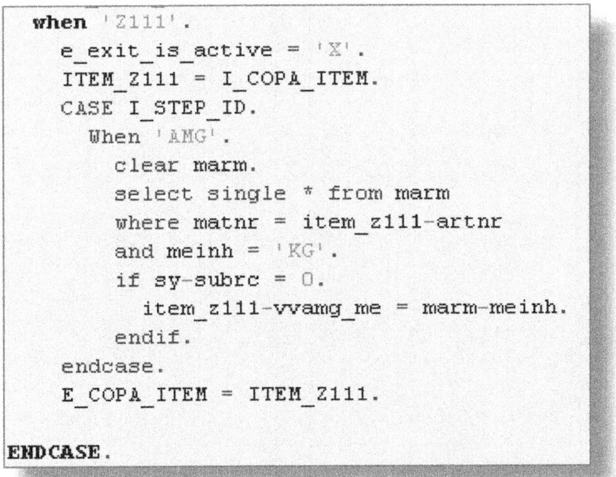

```
  when 'Z111'.
    e_exit_is_active = 'X'.
    ITEM_Z111 = I_COPA_ITEM.
    CASE I_STEP_ID.
      When 'AMG'.
        clear marm.
        select single * from marm
        where matnr = item_z111-artnr
        and meinh = 'KG'.
        if sy-subrc = 0.
          item_z111-vvamg_me = marm-meinh.
        endif.
    endcase.
    E_COPA_ITEM = ITEM_Z111.

ENDCASE.
```

Abbildung 3.20: Coding User-Exit zur Ableitung der Mengeneinheit

Damit in Ihrem Ergebnisbereich der User-Exit zur Ableitung der Mengeneinheit KG gefunden wird, müssen Sie diesen erst in Ihrer Merkmalsableitungsstrategie in Schritt 19 bekannt machen (siehe Abbildung 3.21).

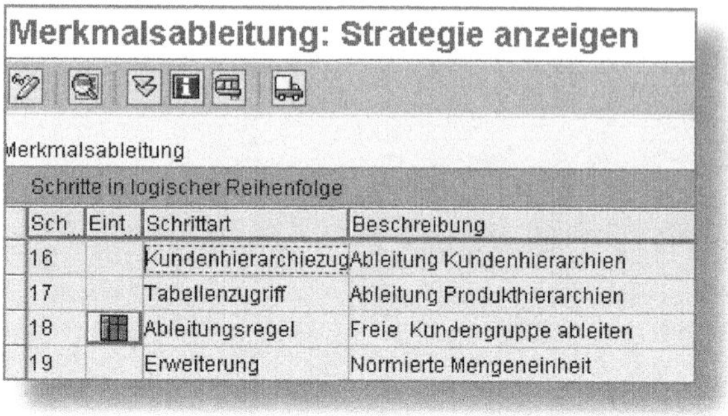

Abbildung 3.21: Beweis für korrekte Ableitung der normierten ME über User-Exit

Durch Doppelklick auf Zeile 19 kommen Sie in das Detailbild dieses Ableitungsschrittes (siehe Abbildung 3.22).

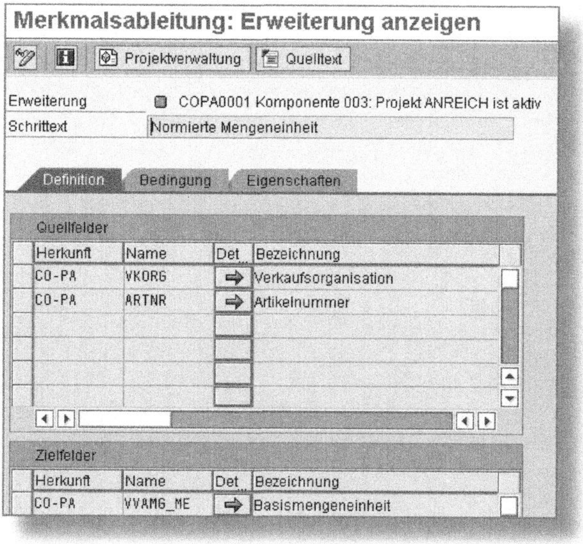

Abbildung 3.22: Ableitung User-Exit I

Wir greifen auf die Mengeneinheiten des Artikelstamms zu, daher ist dieser in der Quelle zu benennen. Das Ziel des Ableitungsschrittes und natürlich auch des User-Exits besteht darin, dem Mengenfeld VVAMG, das wir definiert haben, eine Mengeneinheit mitzugeben.

Im Coding haben wir noch den Ableitungsschritt mit »AMG« benannt (vergleiche dazu das Coding in Abbildung 3.20 – »CASE I_STEP_ID«). Im Reiter EIGENSCHAFTEN benennen wir noch diesen Schritt (siehe Abbildung 3.23).

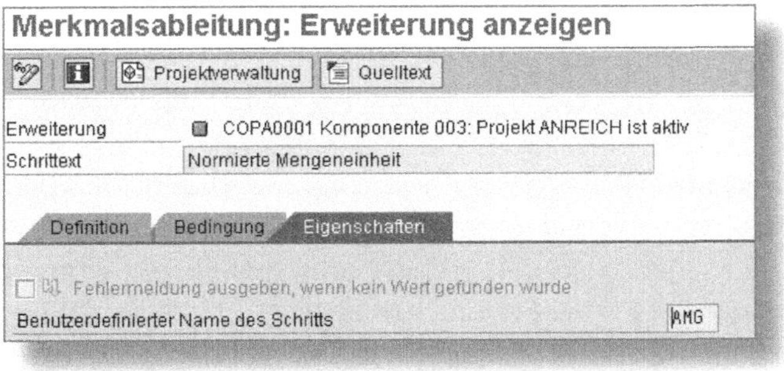

Abbildung 3.23: Ableitung User-Exit Eigenschaften

Dann prüfen Sie z. B. über KE21, ob die Ableitung klappt. Wir wollten erreichen, dass die Mengeneinheit bei dem Mengenfeld »Alt. Mengeneinheit« abgeleitet wird. Den Beweis sehen Sie in Abbildung 3.24.

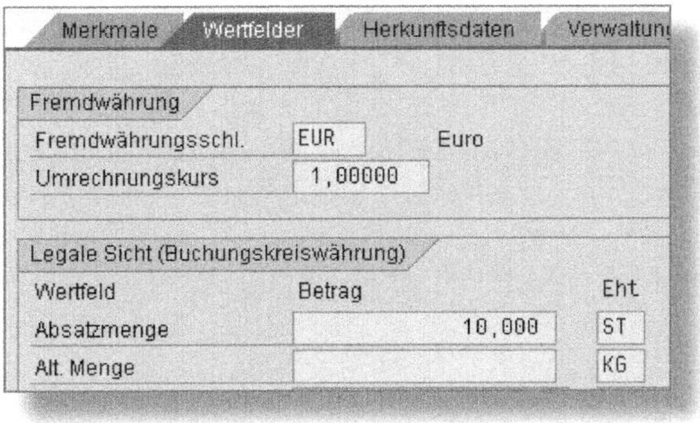

Abbildung 3.24: Beweis korrekte Ableitung normierte ME über User-Exit

3.3.4 Initialisierung

Falls Sie zur Ableitung von Merkmalen Hilfsmerkmale oder -felder verwenden wollen, können Sie mit der *Initialisierung* vor einer weiteren Merkmalsableitung diese Merkmalsausprägungen wieder löschen.

Wann ist es sinnvoll, mit Hilfsfeldern zu arbeiten? Wenn Sie zum Beispiel aus einem SAP-Feld ein bestimmtes Merkmal ableiten wollen, dieses Merkmal aber andere Merkmalsausprägungen haben soll als das SAP-Feld, können Sie mit Hilfsfeldern arbeiten. In der Regel sind das globale Variablen, z. B. USERTEMP1. Sie nehmen also in einem ersten Schritt eine Ableitung von dem SAP-Feld in die Hilfsvariable USERTEMP1 vor. In einem zweiten Schritt folgt dann eine Ableitung von Ihrem Hilfsfeld USERTEMP1 in das zu füllende Merkmal. Nun können Sie noch einen dritten Ableitungsschritt einbauen, der Ihr Hilfsfeld USERTEMP1 erneut initialisiert, sodass es bei der nächsten Merkmalsableitung wieder leer ist und neue Merkmalsausprägungen aufnehmen kann. Für unser Beispiel machen wir aber keine spezielle Initialisierung.

3.3.5 Ableitungsregel

In der Praxis werden Ableitungsregeln gerne benutzt, um über eine Regel aus einem Merkmalswert eines Merkmals ein anderes Merkmal abzuleiten. Häufig wendet man diese Art der Ableitung an, um z. B. aus der Merkmalsausprägung »Deutschland« des Merkmals Land ein übergeordnetes Merkmal Kontinent, hier also »Europa«, abzuleiten. In unserem einfachen Beispiel wollen wir aus dem Merkmal »Kunde« über Ableitungsregeln das Merkmal »Kundengruppe« ableiten, wie etwa: Aus Kunde K3 wird die Kundengruppe KG2 abgeleitet.

Für das Merkmal Kundengruppe (frei) will ich Ihnen die Ableitung über Ableitungsregeln zeigen. Zuerst ist wieder ein Schritt (hier Schritt 18) in der Ableitungsstrategie zu definieren (siehe Abbildung 3.25).

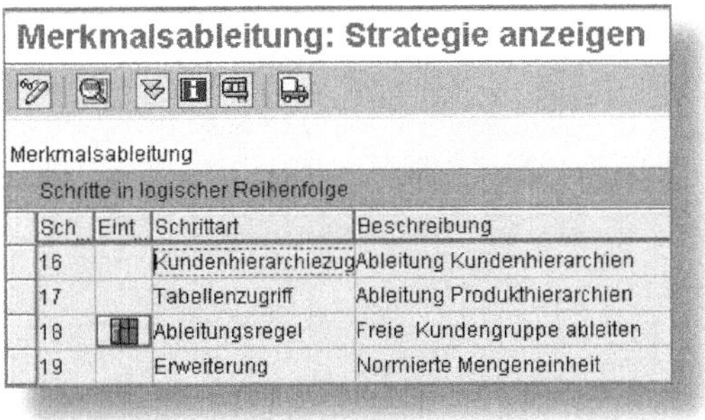

Abbildung 3.25: Ableitungsstrategie für Ableitungsregel

Nach Markierung der Zeile 18 drücken Sie auf die Lupe und kommen zu einem Bild gemäß Abbildung 3.26.

Abbildung 3.26: Beispiel Ableitungsregel Kundengruppe

Als Quelle reicht das feste Merkmal »Kunde«, als Ziel wird das freie Merkmal »Kundengruppe« eingetragen. Da das Ziel ein selbst definiertes Merkmal ist, müssen Sie, ähnlich wie bei den oben beschriebenen

Merkmalen »Produktart« und »Produktgruppe«, Merkmalsausprägungen über die Transaktion KES1 pflegen (siehe Abbildung 3.27).

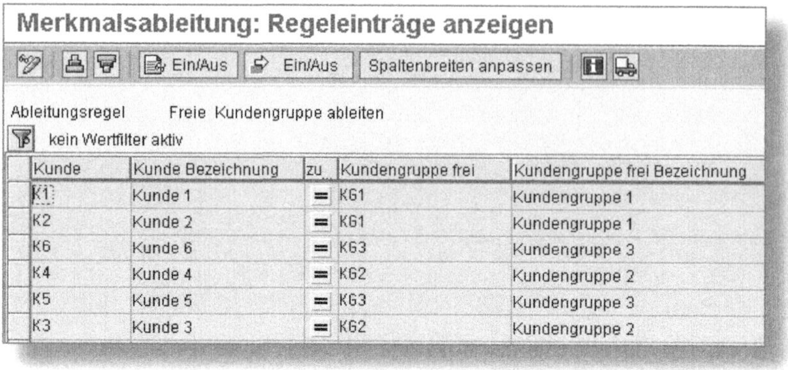

Kunde	Kunde Bezeichnung	zu	Kundengruppe frei	Kundengruppe frei Bezeichnung
K1	Kunde 1	=	KG1	Kundengruppe 1
K2	Kunde 2	=	KG1	Kundengruppe 1
K6	Kunde 6	=	KG3	Kundengruppe 3
K4	Kunde 4	=	KG2	Kundengruppe 2
K5	Kunde 5	=	KG3	Kundengruppe 3
K3	Kunde 3	=	KG2	Kundengruppe 2

Abbildung 3.27: Regeleinträge Ableitungsregel Kundengruppe

Wenn nun ein CO-PA-Beleg erzeugt wird, sehen Sie, dass das Merkmal Kundengruppe (frei) mit der Merkmalsausprägung KG1 für den Kunden K1 abgeleitet wurde, wieder durch Simulation mit KE21 (siehe Abbildung 3.28).

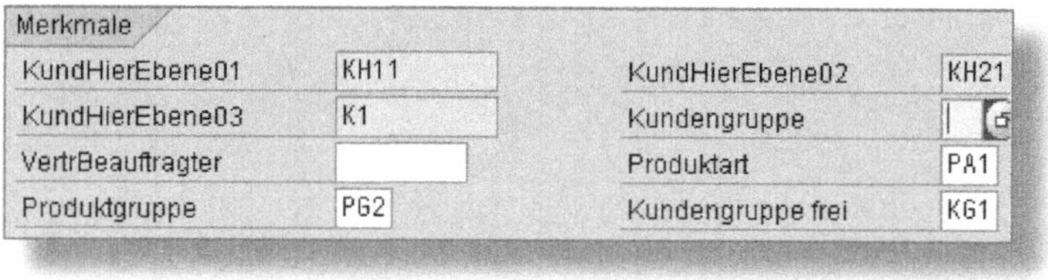

Abbildung 3.28: Beweis der Ableitung der Kundengruppe

! Ableitungsregeln

Wenn Sie bei der Definition der Ableitungsregeln in den Eigenschaften markieren, dass das System immer einen Fehler melden soll, wenn es keine Werte für die Regel findet, wird SAP diese Eigenschaft gnadenlos einhalten, d. h., Sie erzeugen unter Umständen keinen Kundenauftrag oder keine Faktura. Prüfen Sie daher bitte, ob in den Eigenschaften der Parameter FEHLERMELDUNG AUSGEBEN,

WENN KEIN WERT GEFUNDEN WURDE ausgeschaltet ist (siehe Abbildung 3.29).

Wichtig ist ferner, dass, egal für welche Ableitungsform Sie sich entscheiden, die Merkmalsausprägungen für die frei definierten Merkmale im CO-PA angelegt sein müssen; sonst laufen Sie ebenfalls auf einen Fehler!

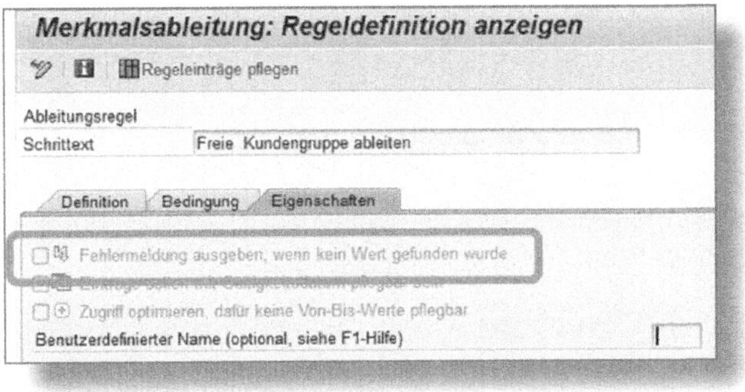

Abbildung 3.29: Eigenschaften der Regeldefinition

Sie haben in diesem Abschnitt die wesentlichen Einstellungen zur Merkmalsableitung kennengelernt. Im nächsten Abschnitt erläutere ich Ihnen, wie Sie Wertfelder bewerten können.

3.4 Attributierung von Merkmalen

Nur für die buchhalterische Form der Ergebnisrechnung unter S/4-HANA, der Margin Analysis, bietet SAP die Möglichkeit der Merkmalsableitung, auch wenn gar nicht auf ein Ergebnisobjekt kontiert wird. Sie leiten also Merkmale für Hauptbucheinzelposten von Buchungsbelegen ab, die keine Kontierung zu einem Ergebnisobjekt besitzen. Was heißt das konkret für uns? Betrachten wir dazu ein Beispiel:

Sie buchen auf einem Sachkonto, das die Kontoart »Primärkosten« aufweist. Dabei wird eine Kostenstelle kontiert. Nach Sicherung der

Buchung sehen Sie die Buchungszeile in der Tabelle ACDOCA und in Ihrem Kostenstellenbericht. Bisher haben Sie diese Kosten erst in Ihrer Ergebnisrechnung gesehen, wenn Sie zum Monatsende eine Kostenstellenumlage von der Kostenstellenrechnung in die Ergebnisrechnung durchgeführt haben. In Margin Analysis wird diese Kostenstellenumlage nicht mehr nötig sein, weil Sie bereits bei der Buchung des Sachkontenbelegs Merkmale der Ergebnisrechnung als zusätzliche Information mitgeben und diesen Sachkontenbeleg in der Tabelle ACDOCA über diese Merkmale auswerten können, obwohl Sie gar nicht auf ein Ergebnisobjekt kontiert haben. Diesen Vorteil liefert Ihnen die *Attributierung*. Voraussetzung für deren Anwendung ist, dass die Sachkonten den Kontotyp Primärkosten, Erlöse oder Sekundärkosten haben. Sie funktioniert sogar für Bestandskonten mit zugeordneter Kostenart 90 (Statistische Kostenart für Bestandskonto).

Für folgende Sonderfälle betriebswirtschaftlicher Prozesse können Merkmale attributiert werden:

1. Work-in-Process (WIP)-Buchungen aus der vorgangsbezogenen Erlösrealisierung
2. Externe Abrechnung der Abgrenzungsdaten an FI

Eine Attributierung von Merkmalen ist grundsätzlich nur für folgende Kontierungen möglich:

- Kostenstelle
- Innenauftrag
- Projekt
- Kundenauftrag
- Fertigungsauftrag
- Instandhaltungsauftrag

Ähnlich wie bei der Kostenstellenumlage müssen Sie auch bei der Attributierung festlegen, auf welchen Ergebnisrechnungsmerkmalen Sie die gebuchten Beträge wiederfinden wollen. Sie finden sie natürlich nur auf den Merkmalen wieder, die Sie zugeordnet haben, und auf den Dimensionen, die sich aus den zugeordneten Merkmalen ableiten lassen. Alle anderen Merkmale Ihres Ergebnisbereichs bleiben bei der Attributierung leer. Im Gegensatz zur Kostenstellenumlage haben Sie allerdings den Vorteil, dass Sie die gebuchten Beträge sofort auf den mitgegebenen Merkmalen in der ACDOCA sehen. Bei der Kostenstellenumlage ist dies in der Regel erst zum Monatsabschluss möglich, es sei denn, Sie stoßen Ihre Kostenstellenumlagen mehrmals im Monat an.

4 Bewertung

In diesem Kapitel beschäftigen wir uns mit dem Thema der Bewertung. Wie lassen sich Wertfelder bewerten? Auch dafür zeige ich Ihnen an Beispielen, wie Sie Bewertungen einstellen können. Im S/4HANA-System wird es Bewertungen nur noch in der kalkulatorischen Form der Ergebnisrechnung (CO-PA) geben. In Margin Analysis arbeiten Sie ohne Bewertungen, da sich nur noch auf gebuchte Werte konzentriert wird.

Nun stellen Sie sich vielleicht die Frage, wann denn endlich tatsächliche Zahlen in die Ergebnisrechnung gelangen. Ausführlich erzähle ich Ihnen das in Kapitel 5. CO-PA bietet Ihnen aber außerdem die Möglichkeit, Zahlen per Bewertung zu erzeugen oder anders gesagt, Werte aus einer Bewertung heraus in Ihre Wertfelder zu bringen. Das Schöne an der kalkulatorischen Form der Ergebnis- und Marktsegmentrechnung ist, dass Sie nicht nur gebuchte Werte, sondern auch kalkulatorische oder geplante Zahlen darstellen können. Im Rahmen einer Bewertungsstrategie können Sie sogar festlegen, zu welchem Zeitpunkt CO-PA bewerten soll: zum Zeitpunkt der Buchung eines Belegs, zum Zeitpunkt der manuellen oder zum Zeitpunkt der maschinellen Planung. Manuelle Planung heißt hier wirklich mit der Hand, also ziemlich mühselig, aber dazu mehr in Kapitel 6. Wichtig ist, dass, anders als bei Merkmalsableitungen, Bewertungen nur bei Vorgängen durchgeführt werden, denen zudem eine Bewertungsstrategie zugeordnet ist. Merkmalsableitungen hingegen werden bei jedem CO-PA-relevanten Geschäftsvorfall durchlaufen, auch bei der manuellen Erfassung von CO-PA-Einzelposten oder bei der Übernahme von Daten über eine Fremddatenschnittstelle.

Was lässt sich denn nun bewerten? Was kann ich zunächst bewerten, ohne es gleich buchen zu müssen? Auch hier lässt sich das Spektrum, in dem sich ein Controller austoben möchte, im Königsmodul CO-PA individuell anpassen.

4.1 Bewertungsarten

Es gibt drei verschiedene Arten der Bewertung:

- Über die Materialkalkulation
- Über ein Kalkulationsschema im SD oder CO-PA
- Über User-Exits

Diese werde ich in den nachfolgenden Abschnitten nun näher beschreiben.

4.1.1 Bewertung über die Materialkalkulation

Jedes Profit-Unternehmen wird seine Artikel, die es verkauft, kalkulieren. Derartige Kalkulationen, zumindest zur Ermittlung der Selbstkosten eines Artikels, bietet Ihnen CO-PC, die Produktkostenrechnung im SAP-Modul CO. Innerhalb dieser Kalkulationen können Sie sich sogenannte Kostenelemente bauen, nach denen Sie die einzelnen Stufen Ihrer Artikelkalkulationen unterscheiden. Klassische Kostenelemente sind Materialeinzel- und -gemeinkosten, Fertigungseinzel- und -gemeinkosten sowie Fremdleistungen. Die Summe dieser Kostenelemente sind die Selbstkosten, also die Kosten, die Sie mindestens beim Verkauf Ihres Artikels wieder hereinholen sollten, wenn Sie auf Dauer überleben wollen. Zu den Selbstkosten werden außerdem Ihre Fertigartikelbestände in der Bilanz bewertet. Warum erzähle ich Ihnen das alles? Weil Sie im Rahmen der Bewertung über die Materialkalkulation genau auf diese vorab definierten Kostenelemente zugreifen können, indem Sie die ermittelten Werte in dafür vorgesehene Wertfelder steuern.

Hört sich sehr theoretisch an, machen wir es an unserem Beispiel klarer: In Abschnitt 2.5.1 haben wir eine Deckungsbeitragsrechnung beschrieben, die wir abbilden wollen. Darin sind die Zeilen »Materialkosten« und »Fertigungskosten« enthalten. Nehmen wir nun an, Sie haben CO-PC im Einsatz und die oben genannten Kostenelemente definiert. Die Kostenelemente Materialeinzel- und -gemeinkosten sowie Fremdleistungen wurden dem Wertfeld »Materialkosten« zugeordnet, die Fertigungseinzel- und -gemeinkosten dem Wertfeld »Fertigungskosten«.

Sie besitzen ferner für den Artikel, den Sie verkaufen möchten, eine zumindest vorgemerkte, idealerweise freigegebene Kalkulation (freigegebene Kalkulation bedeutet, dass mit dem für den Artikel freigegebenen Preis der Bestand dieses Artikels in der Bilanz bewertet ist). In Ihrer Bewertungsstrategie haben Sie festgelegt, dass Sie die Materialkalkulation für diesen Artikel durchlaufen wollen, z. B. zum Zeitpunkt der Rechnungserstellung (Rechnung = Faktura!). Dann wird automatisch jedes Kostenelement mit der Fakturamenge bewertet, d. h. ausmultipliziert und wertfeldgenau in der Deckungsbeitragsrechnung dargestellt. Wenn Sie nun nochmals über meine Ausführungen in Abschnitt 3.1 nachdenken, werden bei der Fakturierung nicht nur diverse Wertfelder gefüllt, in unserem bisherigen Beispiel Material- und Fertigungskosten.

Durch die Zugabe von Kunde und Artikel (die sollten mindestens auf einer Rechnung enthalten sein) und ihren speziellen Merkmalsableitungen können Sie diese Kosten auch auf Merkmalen sehen, die auf den ersten Blick erst mal gar nichts mit Artikelkalkulationen zu tun haben. Sie sehen z. B. Material- oder Fertigungskosten auf dem Merkmal Kundengruppe. Welche Material- und Fertigungskosten wurden in Periode XY für die Kundengruppe »KG1« erzeugt? Eine Frage, die Sie demnächst auf Knopfdruck beantworten können, wenn Sie sich für das Königsmodul entscheiden.

Im Customizing müssen Sie erst einmal eine Bewertungsstrategie definieren. Anschließend ordnen Sie diese einem oder mehreren Bewertungszeitpunkten zu (was ein Bewertungszeitpunkt ist, erläutere ich im übernächsten Absatz).

Eine Bewertungsstrategie ist unerlässlich, wenn Sie Bewertungen vornehmen wollen. Je nachdem, wie viele Schritte Sie in Ihre Bewertungsstrategie einbauen, werden diese anhand der vorgegebenen Reihenfolge bei jedem CO-PA-Bewertungsvorgang durchlaufen. Für unser Customizing werden wir die Bewertungsstrategie sukzessive aufbauen. Zunächst wird nur der Schritt dargestellt, den wir zur Bewertung über die Materialkalkulation benötigen.

In unserem Beispiel-Customizing definieren Sie im Einführungsleitfaden der Ergebnis- und Marktsegmentrechnung (Transaktion ORKE) über STAMMDATEN • BEWERTUNG • BEWERTUNGSSTRATEGIE DEFINIEREN UND ZUORDNEN die Strategie Z01, die Sie zunächst folgendermaßen mit Leben füllen (siehe Abbildung 4.1).

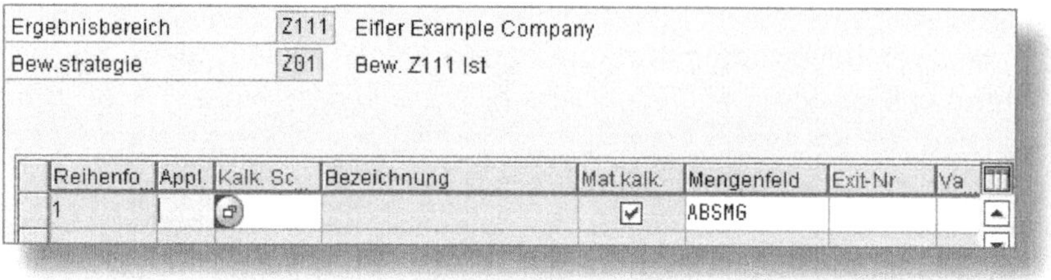

Abbildung 4.1: Bewertungsstrategie für Materialkalkulation

In diesem Schritt machen Sie ein Kreuz in der Spalte MAT.KALK., dadurch weiß CO-PA, dass Sie bei diesem Bewertungsschritt die Materialkalkulation durchlaufen wollen. Als MENGENFELD geben Sie das Mengenfeld an, das bei der Bewertung mit den Kostenelementen der Materialkalkulation ausmultipliziert werden soll, in unserem Beispiel ist es das Mengenfeld ABSMG.

Diese Bewertungsstrategie wird einem Bewertungszeitpunkt (BZ) zugeordnet (siehe Abbildung 4.2). Diese Zuordnung finden Sie unter dem gleichen Customizing-Punkt wie die Definition der Bewertungsstrategie.

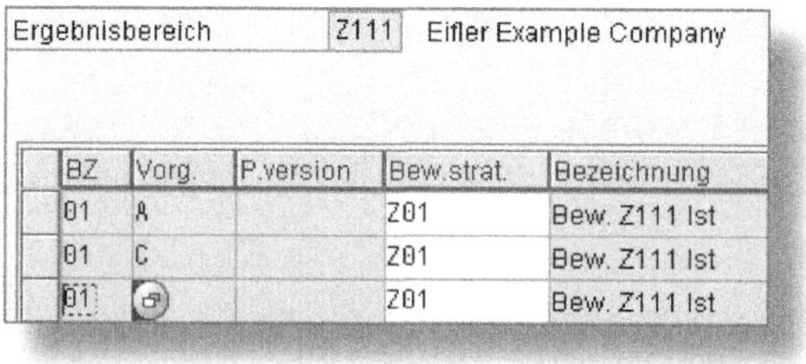

Abbildung 4.2: Zuordnung Bewertungsstrategie zu Istzeitpunkten

Der Bewertungszeitpunkt 01 ist die Istbewertung, sie wird mit einzelnen Vorgangsarten kombiniert. Beispielsweise wird nun die Bewertungsstrategie Z01 bei dem Kundenauftragseingang (Vorgangsart A) im SD durchlaufen.

Nun müssen Sie im Customizing noch die Bewertung über die Materialkalkulation (also über CO-PC) einrichten, und zwar anhand der Customizing-Struktur gemäß Abbildung 4.3. Die hier dargestellten Punkte müssen Sie der Reihe nach abarbeiten.

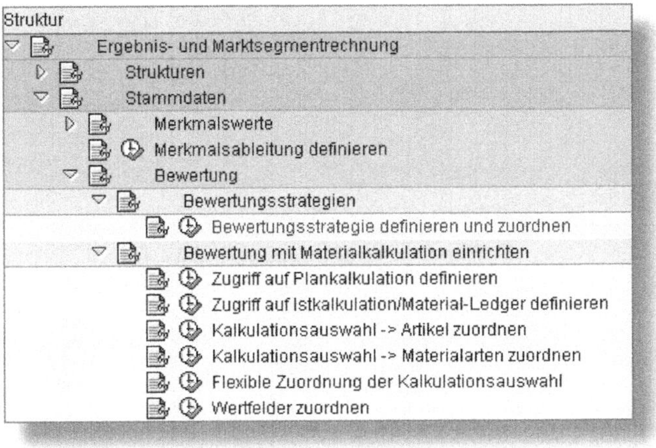

Abbildung 4.3: Customizing-Struktur für Bewertung über CO-PC

Zugriff auf Plankalkulation definieren

Zuerst machen Sie in dieser Tabelle einen Eintrag für die Kalkulationsauswahl (Spalte KALK.AUSW.), für unser Beispiel heißt dieser Eintrag Z01 (siehe Abbildung 4.4).

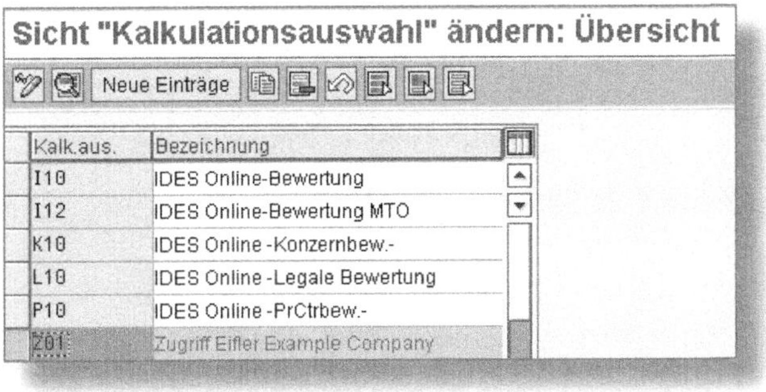

Abbildung 4.4: Definition Kalkulationsauswahl I

Bei einer Bewertung mit einer Materialkalkulation wird über die Kalkulationsauswahl festgelegt, mit welchen Zugriffsparametern nach einer gültigen Produktkalkulation gesucht wird (siehe Abbildung 4.5).

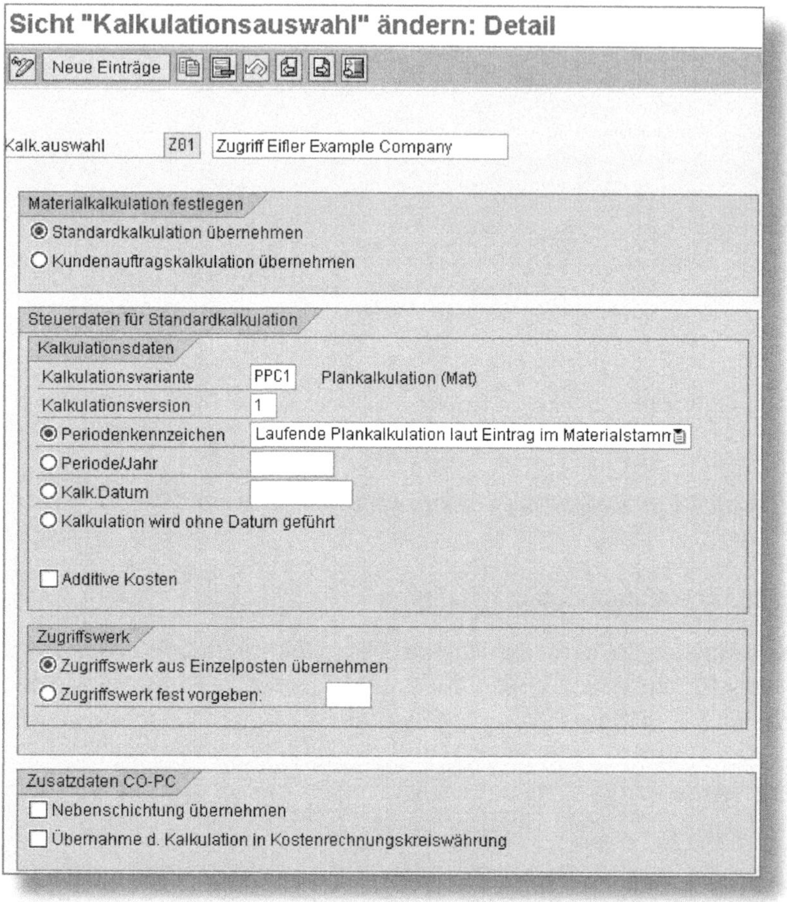

Abbildung 4.5: Details der Kalkulationsauswahl

Für unser Beispiel legen wir fest, dass wir auf eine STANDARDKALKULATION zugreifen wollen. Es werden Standardkalkulationen der Kalkulationsvariante PPC1 zur Kalkulationsversion 1 gesucht und auf laufende Plankalkulationen aus dem Eintrag im Materialstamm des zu verkaufenden Artikels zugegriffen. Die Produktkalkulationen sind werksabhängig, wir übernehmen das Werk aus den CO-PC-Einzelposten.

Kalkulationsauswahl -> Materialarten zuordnen

Die definierte Kalkulationsauswahl Z01 ordnen wir der Materialart FERT zu (siehe Abbildung 4.6). Unsere im Beispiel verwendeten Verkaufsartikel A1 bis A6 sind alle zur Materialart FERT im MM angelegt worden.

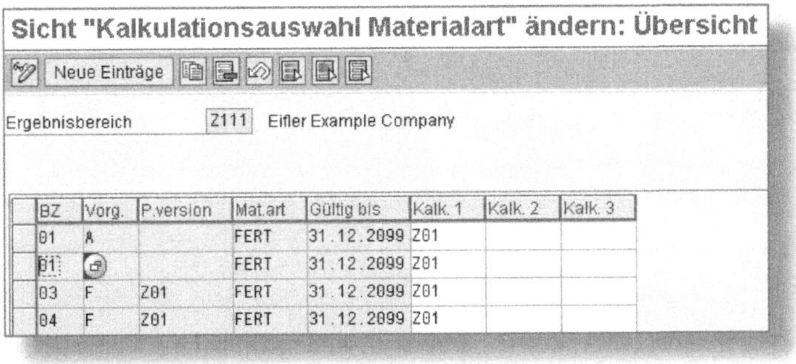

BZ	Vorg.	P.version	Mat.art	Gültig bis	Kalk. 1	Kalk. 2	Kalk. 3
01	A		FERT	31.12.2099	Z01		
01			FERT	31.12.2099	Z01		
03	F	Z01	FERT	31.12.2099	Z01		
04	F	Z01	FERT	31.12.2099	Z01		

Abbildung 4.6: Zuordnung Kalkulationsauswahl zur Materialart

Was bedeuten nun diese Einträge in Abbildung 4.6? Die Materialkalkulation der Fertigartikel wird zum Istbewertungszeitpunkt 01 in Kombination mit Vorgangsart A bzw. F gefunden, ferner auch zu den Planbewertungszeitpunkten 03 und 04, aber dazu komme ich später.

Wertfelder zuordnen

Damit Sie überhaupt auf eine Materialkalkulation zugreifen können, müssen Sie erst eine Materialkalkulation z. B. mit Mengengerüst erzeugen. Diese legen Sie über die Transaktion CK11 bzw. CK11N im CO-PC an. Dazu werden im Beispiel für eine Kalkulationslosgröße eine Stückliste und ein Arbeitsplan für einen Fertigartikel durchlaufen und diverse Kostenelemente werden gefüllt. Diesen Kostenelementen wurden unter dem Punkt WERTFELDER ZUORDNEN in der Spalte FELDNAME 1 CO-PA-Wertfelder zugeordnet (siehe Abbildung 4.7).

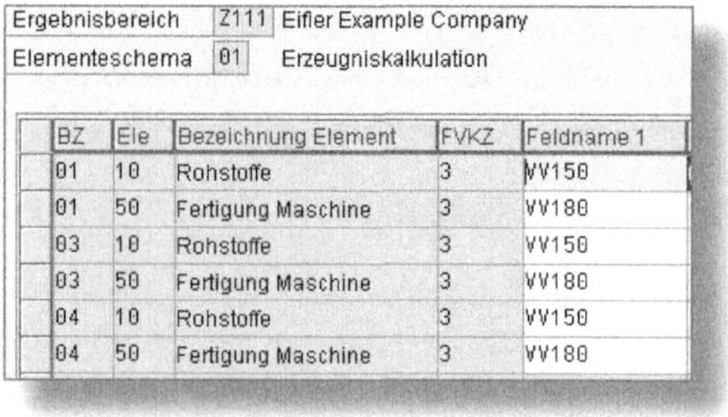

Abbildung 4.7: Wertfelder zuordnen für CO-PC

Was passiert nun? Ich habe z. B. für Artikel A1 einen Materialkostensatz von 1.500 € pro Stück. Bei einer Absatzmenge von 10 Stück wird das Wertfeld »Materialeinsatz« mit 15.000 € bewertet (siehe Abbildung 4.8).

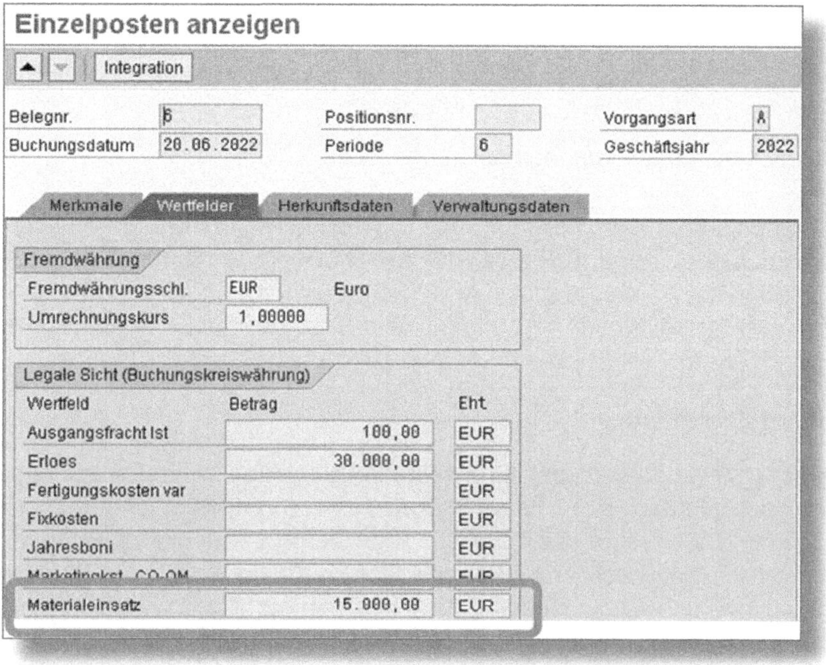

Abbildung 4.8: Beweis Bewertung Materialeinsatz über CO-PC

Ein anderes Beispiel, damit Sie mir die Bewertung mithilfe der Bewertungsstrategie auch für Fertigungskosten glauben, sehen Sie in Abbildung 4.9. Für den Artikel A5 wird von einem Fertigungskostensatz von 1 € pro Stück ausgegangen.

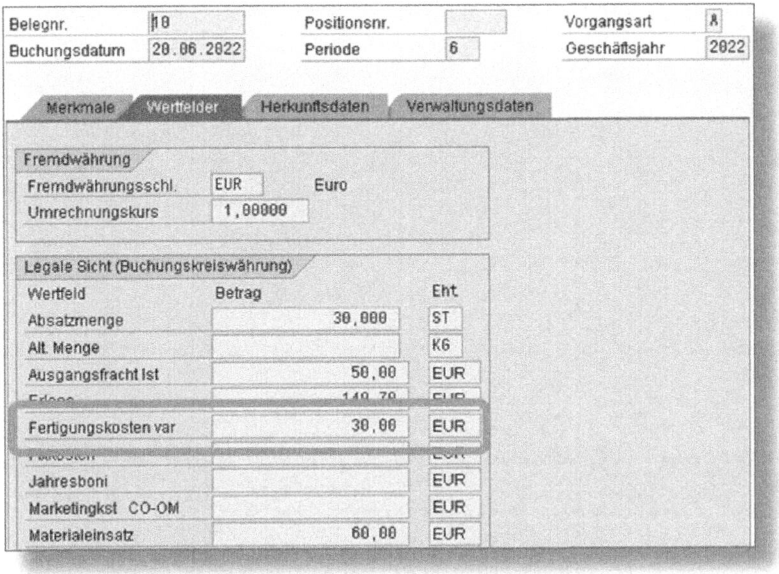

Abbildung 4.9: Beweis Bewertung Fertigungskosten

Jetzt sagen Sie vielleicht: Der kann uns viel erzählen, wenn der Tag lang ist. Aber wenn Sie für Ihre Artikel Materialkalkulationen im CO-PC erstellt haben (z. B. über Transaktion CK11N mit der Kalkulationsvariante PPC1), diese vorgemerkt und freigegeben haben, wird dieser Selbstkostensatz als Standardpreis in Ihrem Artikelstamm fortgeschrieben, sofern Sie den Artikel nach Standardpreis führen. In unserem einfachen Beispiel haben wir für Artikel A5 2 € pro Stück Materialeinsatz und 1 € pro Stück Fertigungskosten, sodass wir einen Standardpreis von 3 € pro Stück im Materialstamm fortschreiben (siehe Abbildung 4.10). Bei einer freigegebenen Materialkalkulation wird dieser Standardpreis zur Bewertung Ihres Artikelbestands herangezogen und hat damit direkten Einfluss auf die Bestandsbewertung in Ihrer Bilanz.

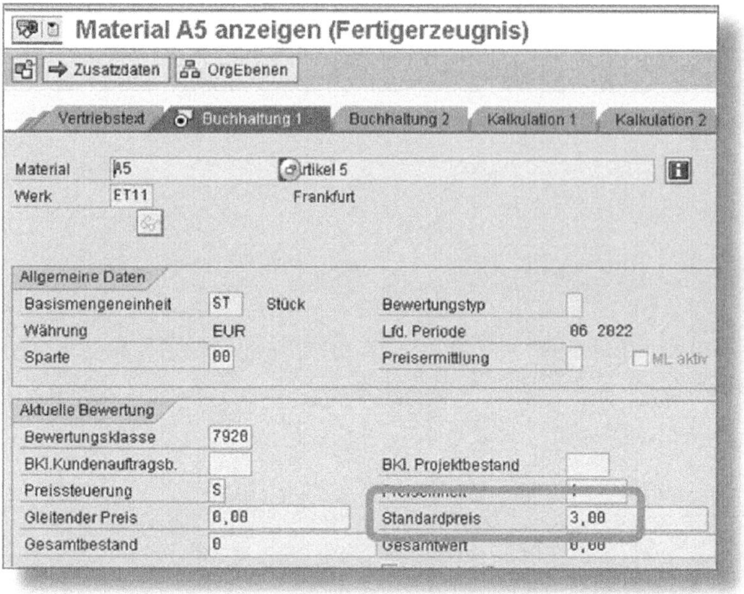

Abbildung 4.10: Buchhaltungssicht 1 des Artikels A5

Bewertung

Sie können anhand eines Videos im Detail nachvollziehen, wie Sie eine Bewertung mit Materialkalkulation anlegen. Das Video finden Sie unter *http://video3.copa.espresso-tutorials.de*.

4.1.2 Bewertung über Kalkulationsschemata im SD oder CO-PA

Bewertungen können Sie aber auch über Kalkulationsschemata erzeugen, die in anderen Modulen wie SD oder aber direkt im Königsmodul angelegt werden. Normalerweise müssen Sie nicht, wenn Sie die SD-Schnittstelle zum CO-PA gepflegt haben, in Ihrer Bewertungsstrategie ein SD-Kalkulationsschema aufnehmen. Es kann aber ebenso Fälle geben, wo so etwas nützlich ist. Ein Beispiel dazu werde ich Ihnen im

Kapitel 6 der Planung erläutern. Das Modul SD errechnet durchaus selbst in seinem Kalkulationsschema Werte! Über die SD-Schnittstelle können wir einfach diese dort errechneten Werte abgreifen und an CO-PA übergeben.

In unserer vereinfachten Deckungsbeitragsstruktur nehmen wir für zwei Zeilen an, dass sie durch Bewertungen gefüllt werden: Skonto und Bonus.

Über die Zahlungsbedingungen gewähren Sie Kunden Skonto. Zahlt der Kunde schnell, bekommt er Skonto, sonst nicht. Wenn Sie einen Kundenauftrag erfassen, eine Faktura erstellen oder einen Kundenauftrag an CO-PA abrechnen, wissen Sie normalerweise nur aus Ihrer langjährigen Erfahrung, ob der Kunde schnell zahlt und Skonto abzieht oder nicht. Eine Deckungsbeitragsrechnung im CO-PA sollten Sie als eine Worst-Case-Rechnung anlegen, d. h., Sie gehen von dem schlimmsten anzunehmenden Fall aus. Konkret heißt das, dass jeder Kunde, dem Sie Skonto gewähren, auch Skonto zieht! In der Regel wird in den SD-Kalkulationsschemata eine Konditionsart »Skonto« angelegt, die einen Haken »statistisch« erhält. Statistisch heißt hier, es wird zu dem Zeitpunkt, an dem das SD-Kalkulationsschema durchlaufen wird, für Skonto im FI nichts gebucht – aber im CO-PA wird der errechnete Skontobetrag schon übernommen!

Etwas anders verhält es sich mit Boni. Wir nehmen dazu den Fall an, dass Boni absatzmengen- oder prozentmäßig gewährt werden, wenn der Kunde eine bestimmte Vorgabe erfüllt. Auch hier wissen Sie erst nach der normalen Rechnungsstellung an den Kunden, ob der Kunde den Bonus verdient hat oder nicht. Auch hier gilt das Worst-Case-Prinzip (Worst Case deshalb, da alle möglichen Kosten auf uns zukommen). Sie gehen davon aus, dass der Kunde alle Boni bekommt. Diese übernehmen wir ebenfalls in das Wertfeld »Bonus« des CO-PA. Nun werden Sie sagen, was erzählt der uns da eigentlich, das sind doch ganz normale Abgrenzungen, die wir früher schon ohne EDV manuell gebucht haben! Genau richtig! Im Fall des Bonus können Sie Abgrenzungen mit jeder Faktura erzeugen, wenn Sie im SD Bonusabsprachen erfasst, dafür Konditionsarten angelegt und die Erlöskontenfindung im SD gecustomized haben. Irgendwann meldet sich Ihr Kunde und möchte seinen Bonus, weil er die Vorgabe erreicht hat. Dann wird die SD-Bonusabsprache abgerechnet und der Kunde bekommt sein Geld. Wird dann etwa die Abrechnung auch ins CO-PA übernommen? Dann wäre ja der Bonus doppelt im CO-PA abgezogen worden – bei der Abgrenzung und bei der Abrechnung! Diesen Fehler müssen Sie natürlich vermeiden, was in der kalkulatorischen Form der Ergebnisrechnung nicht schwer ist. Sie dürfen einfach nur die Abgrenzung übernehmen, nicht aber die Abrechnung. Details zeige ich Ihnen weiter unten in diesem Abschnitt.

Wie viele Boni wurden in Periode XY in der Produktart PA2 insgesamt oder nur in der Kundenhierarchie KH12 gewährt? Sie sind von der Antwort nur noch einen Knopfdruck entfernt ...

Wenn Sie das SAP-Modul SD (Sales and Distribution) im Einsatz haben, werden dort zur Preisfindung Kalkulationschemata und Konditionsarten definiert. Normalerweise findet SD darüber bei einem Kundenauftragseingang oder einer Faktura die gültigen Preise und Konditionen, im Fall von Erlösen, Rabatten oder Frachten werden diese in der Regel sofort automatisch auf entsprechende FI-Konten gebucht.

Für unser Beispiel-Customizing wollen wir die Bewertung über SD einmal für eine Konditionsart ZSKT zeigen, die im SD-Kalkulationsschema als statistisch gekennzeichnet wurde, d. h., dass der ermittelte Wert nicht automatisch gebucht wurde. Wir wollen diesen Wert aber dennoch im CO-PA ausweisen.

In Abbildung 4.11 sehen wir einen entsprechenden Ausschnitt aus dem SD-Kalkulationsschema, das ich für unser Beispiel gecustomized habe. Achten Sie auf die Konditionsart ZSKT. Sehen Sie den Statistikflag?

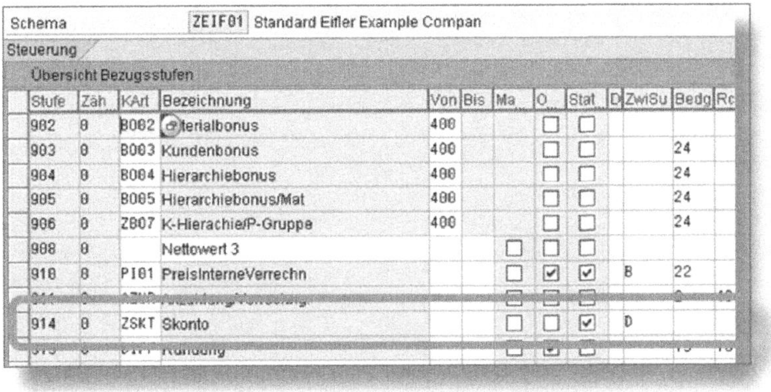

Abbildung 4.11: Darstellung der Konditionsart ZSKT im SD-Kalkulationsschema

Die Konditionsart ZSKT ist über die SD-Schnittstelle dem Wertfeld VV070 (SKONTO) zugeordnet. Diese Zuordnung wird im Customizing der Ergebnisrechnung vorgenommen (Transaktion ORKE) über WERTEFLÜSSE IM IST • FAKTUREN ÜBERNEHMEN • WERTFELDER ZUORDNEN – siehe Abbildung 4.12.

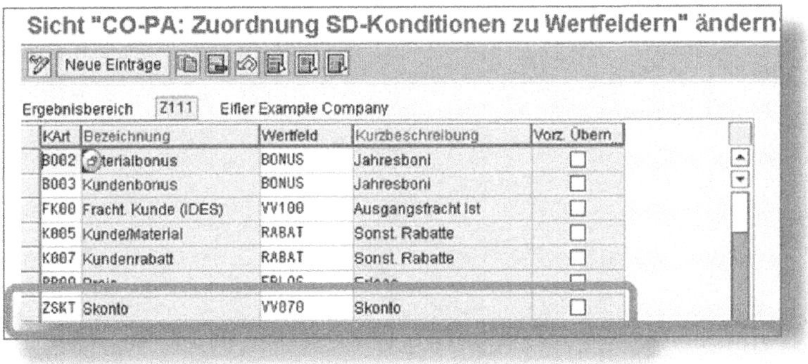

Abbildung 4.12: SD-Schnittstelle

Im SD werden nun über die Transaktion VK11 Konditionssätze zur Konditionsart ZSKT angelegt. Für unser Beispiel wird drei Kunden Skonto gewährt (siehe Abbildung 4.13).

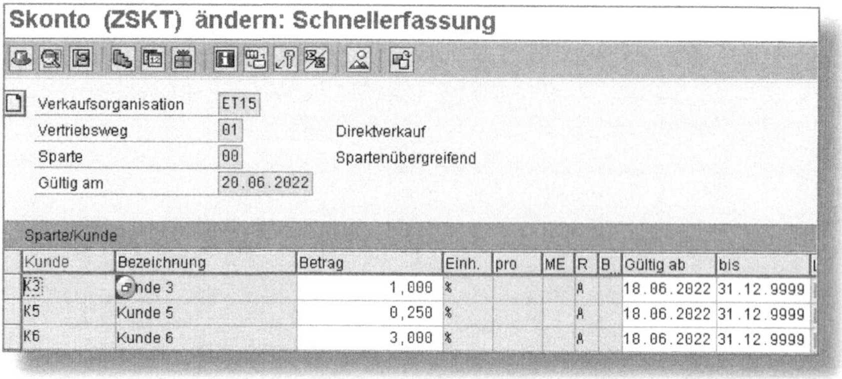

Abbildung 4.13: Skontokonditionssätze

Bei einer CO-PA-relevanten Buchung sehen wir für den Kunden A6 in Abbildung 4.14, dass bei einem Bruttoumsatz von 599 € ❶ nach Abzug der Rabatte in Höhe von 5,99 € ❷ ein Nettoumsatz von 593,01 € übrig bleibt. Als Skontobetrag wurden 17,79 € errechnet, das entspricht exakt 3 % Skonto ❸.

Abbildung 4.14: Beweis Bewertung Skonto über SD

4.1.3 Bewertung über User-Exits

Wie bereits in Kapitel 3 erläutert, gibt es im CO-PA ebenfalls SAP-Erweiterungen für die Bewertung. Auch hier können Sie mit einer eigenen Programmierung dafür sorgen, dass Sie Bewertungen durchführen, die der SAP-Standard so nicht hergibt. Wichtig dabei ist, dass Sie in Ihrem ABAP-Coding die Exits benennen, z. B. U01, U02 etc. und diese User-Exit-Kürzel in die Bewertungsstrategie aufnehmen.

Für unsere vereinfachte Ergebnisrechnung werden wir das zusätzliche Mengenfeld »Normierte Absatzmenge« per User-Exit füllen. Oft ist es sinnvoll, wenn Sie Ihre Daten mit einem normierten Mengenbezug vergleichen. Beispiele für normierte Mengenbezüge können z. B. Hektoliter für Brauereien, 0,7 Liter für Spirituosen, Liter für Hersteller von alkoholfreien Getränken etc. sein (Sie merken, ich habe einen Großteil meines Berufslebens in der Getränkebranche verbracht).

Sie sollten sich für Ihr Unternehmen eine solche sinnvolle normierte Mengengröße überlegen. Wieso denn das? Damit Sie später z. B. beim Vergleich von Deckungsbeitragsrechnungen den DB1 pro HL (oder E07 oder L oder kg oder was immer) betrachten können! Dann können Sie genau beurteilen, wie Sie bezogen auf eine normierte Mengengröße mit Ihren Artikeln, Kunden oder sonstigen abgeleiteten Merkmalen abschneiden, sowohl im Ist als auch im Plan, im Vergleich zu Vorjahren, Prognosen etc. Das hilft unter anderem dabei, Fehler in Ist- oder Plandaten schnell zu finden, falls Sie einmal der Meinung sein sollten, in Ihrer Deckungsbeitragsrechnung stimme etwas nicht ...

In unserem Beispiel wollen wir uns auf die normierte Mengeneinheit Kilogramm (kg) konzentrieren. Das Beispiel-Customizing finden Sie in Abschnitt 3.3.3. Dort habe ich Ihnen erläutert, wie Sie mithilfe eines User-Exits zur Merkmalsableitung die Mengeneinheit unseres Mengenfeldes »Normierte Absatzmenge« hinzufügen. Sie finden es sicher auch interessant, wenn Sie nicht nur die Mengeneinheit sehen, sondern vielleicht zusätzlich noch die normierte Absatzmenge selbst. Das erforderliche Customizing will ich Ihnen nun an dieser Stelle kurz erläutern.

Zuerst müssen Sie die Bewertungsstrategie erweitern, um dem System mitzuteilen, dass Sie einen User-Exit durchlaufen wollen (siehe Abbildung 4.15).

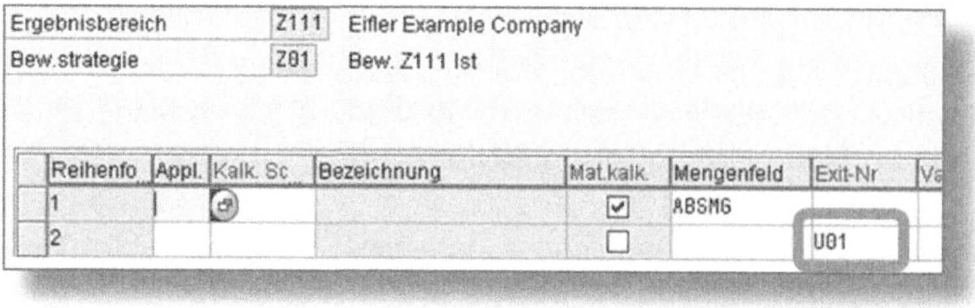

Abbildung 4.15: Bewertungsstrategie mit Zugriff auf User-Exit U01

Auch für die Bewertung eines CO-PA-User-Exits gehen Sie über das Customizing der Ergebnis- und Marktsegmentrechnung, dort unter WERKZEUGE • SAP-ERWEITERUNGEN. Sie legen ein Projekt an und ordnen die Komponente »COPA0002« zu. Durch Doppelklick auf die Komponente gelangen Sie zum Include »ZXKKEU03«, den Sie nun mit Leben füllen dürfen, sofern Sie in Ihrem System einen Entwicklerschlüssel besitzen. Das Beispielcoding können Sie sich in Abbildung 4.16 ansehen.

Nach dem Coding ist der Include zu sichern, zu prüfen und zu aktivieren. Der User-Exit U01 bewirkt nun, dass zu dem Zeitpunkt, zu dem die Bewertungsstrategie Z01 gefunden wird, das Coding des User-Exits U01 durchlaufen wird. In dem einfachen Beispielcoding sucht SAP in der Tabelle MARM die alternative Mengeneinheit ‚KG' (Kilogramm), die Sie, wie in Abschnitt 3.3.3 beschrieben, für jeden Artikel gepflegt haben. Zum Beispiel wiegt ein Stück des Artikels A1 100 kg. Wenn Sie dann acht Stück verkaufen, sollten als normierte Absatzmenge 800 kg sichtbar sein (siehe Abbildung 4.17) (marm-umren = 100/marm-umrez = 1 * 8).

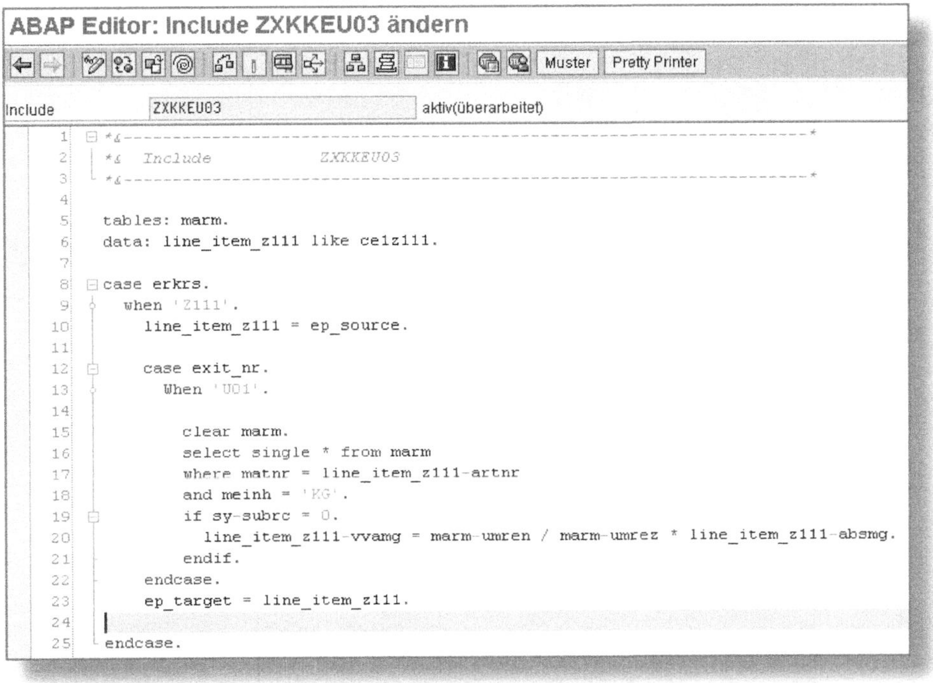

Abbildung 4.16: Ist-User-Exit zur Bewertung der Wertfeldes VVAMG

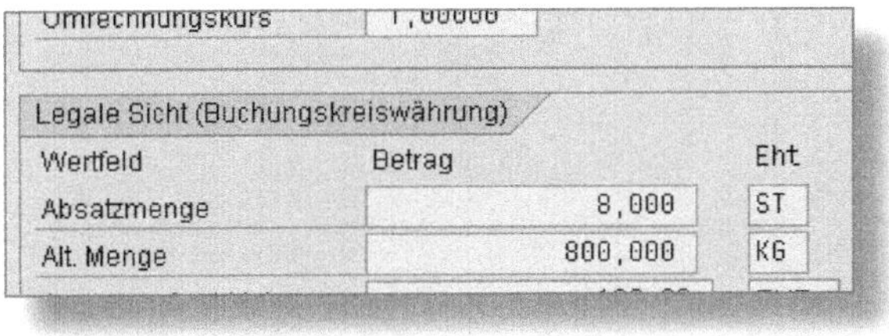

Abbildung 4.17: Beweis Bewertung über User-Exit U01

In den letzten beiden Kapiteln haben Sie nun einiges zur Merkmalsableitung und zur Bewertung von Wertfeldern gelernt. In den nächsten beiden großen Kapiteln widmen wir uns der Thematik, wie Ist- und Plandaten in die Ergebnisrechnung gelangen.

5 Werteflüsse im Ist

Es existieren viele unterschiedliche Wege, wie Sie Istdaten in die Ergebnisrechnung überleiten (wie so oft, führen viele Wege nach Rom). Das hängt zum einen von Ihrem Geschäftsmodell ab, zum anderen z. B. von Ihrem Deckungsbeitragsschema, das Sie einrichten wollen. Oder wenn Sie sich in Ihrer Firma dazu entschieden haben, nicht alle SAP R/3- oder ERP-Module einzusetzen, bieten sich vielleicht Fremddatenschnittstellen an, etwa aus einem externen Fakturierungs- oder CRM-System.

Folgende Wege werden häufig in der Praxis benutzt:

- SD-Schnittstelle
- Abrechnung in das CO-PA
- FI-Schnittstelle
- Kostenstellenumlagen
- Direkterfassung von Einzelposten (Korrekturmöglichkeit)
- Fremddatenschnittstellen

Woran erkennt CO-PA, welcher dieser Wege benutzt wurde? An dem fixen Merkmal *Vorgangsart*. Über die Vorgangsart sehen Sie, welcher Weg für die Einspeisung der Daten in die Ergebnisrechnung verantwortlich war. Fakturadaten werden mit der Vorgangsart F übernommen, Kundenaufträge mit A, FI-Buchungen mit B, Kostenstellenumlagen mit D, Abrechnungen mit C. Ferner können Sie noch selbst Merkmalsausprägungen für die Vorgangsart definieren, z. B. für den Fall, wenn Sie sehen wollen, was alles über mögliche Einzelpostenkorrekturen eingeflossen ist (die hoffentlich aber nur selten vorkommen).

5.1 Die wichtigste Schnittstelle zum CO-PA: Die SD-Schnittstelle

Wie Sie an meinen bisherigen Ausführungen sicherlich schon erkannt haben, dient das Königsmodul CO-PA normalerweise dazu, Ihre Ergebnisse am Markt darzustellen und nach den unterschiedlichsten Kriterien und betriebswirtschaftlichen Anforderungen zu beurteilen. Da wundert es Sie wahrscheinlich nicht, dass die Schnittstelle zum SAP-Modul SD (Sales and Distribution) eine bedeutende Rolle einnimmt. Diese wichtige Funktion wird im SAP-System auch daran deutlich, dass Sie diese Schnittstelle für zwei unterschiedliche Zeitpunkte der Datenübergabe an das CO-PA nutzen können: zum Zeitpunkt des Kundenauftragseingangs und zum Zeitpunkt der Fakturierung!

Die Übernahme von Istdaten zum Datum des Kundenauftragseingangs ist für solche Unternehmen interessant, bei denen der Zeitpunkt des Kundenauftragseingangs und der Zeitpunkt der Rechnungsstellung ziemlich weit auseinanderliegen. Vielleicht arbeiten Sie für ein Unternehmen, das schon frühzeitig am Auftragseingang erkennen will, wie sich die zukünftige betriebswirtschaftliche Lage entwickeln wird, ohne die Fakturadaten abwarten zu müssen. Diese Unternehmen verkaufen häufig Produkte aus Projektfertigung, Variantenkonfiguration, Kundeneinzelfertigung oder Lagerfertigung, d. h. Produkte, bei denen die Herstellung lange dauert oder die erst nach Auftragseingang gefertigt werden. Verkaufen Sie hingegen MTS(Make to Stock)-Produkte, können Sie im Normalfall eingehende Kundenaufträge schnell aus Ihrem Lager beliefern und dann fakturieren. In diesen Fällen reicht die Übernahme der SD-Daten zum Zeitpunkt der Faktura normalerweise aus, da Sie im Vergleich zum Kundenauftragseingang so gut wie keine neuen Erkenntnisse gewinnen werden.

In der Regel entscheidet sich ein Unternehmen, wenn es nicht MTS-Produkte verkauft, beide Zeitpunkte der Datenübergabe nutzen zu wollen. Es gibt aber auch Unternehmen, die den Kundenauftrag im SD als Kosten- und Erlössammler nutzen und später diesen Kundenauftrag an die Ergebnisrechnung abrechnen (mehr dazu im Abschnitt 5.2). Dann wird zwar fakturiert, aber die Fakturadaten werden erst mit der

Abrechnung des Kundenauftrags an die Ergebnisrechnung übergeben und nicht schon zum Zeitpunkt der Faktura!

5.1.1 Behandlung von Mengenfeldern

Um Kundenauftrags- oder Absatzmengen in die Ergebnisrechnung zu übernehmen, müssen Sie bestimmte SAP-Felder benennen, die Sie Ihren Mengenfeldern zuordnen wollen.

Diese Mengenfelder finden Sie im Customizing des CO-PA, wenn Sie Ihre CO-PA-Mengenfelder zuordnen wollen. Im Einstellungsmenü der Ergebnis- und Marktsegmentrechnung (Transaktion ORKE) pflegen Sie die SD-Schnittstelle für die Mengenfelder unter WERTEFLÜSSE IM IST • FAKTUREN ÜBERNEHMEN • MENGENFELDER ZUORDNEN. Abbildung 5.1 zeigt die SD-Mengenfelder, die Ihnen nun zur Verfügung stehen.

Feldname	Text
BRGEW	Bruttogewicht
FKIMG	Fakturierte Menge
FKLMG	Fakturamenge LME
KBMENG	Kum.bestätigte Menge
KLMENG	Kum.bestätigte Menge
KWMENG	Auftragsmenge
LSMENG	Liefersollmenge
NTGEW	Nettogewicht
VOLUM	Volumen

Abbildung 5.1: Auswahl SD-Mengenfelder für CO-PA-Mengenfelder

Absatzmengen aus der Faktura finden sich in dem Feld FKIMG oder FKLMG, Kundenauftragsmengen in dem Feld KWMENG. Für unser Beispiel ordnen wir diese beiden SD-Mengenfelder unserem CO-PA-Mengenfeld ABSMG zu (siehe Abbildung 5.2).

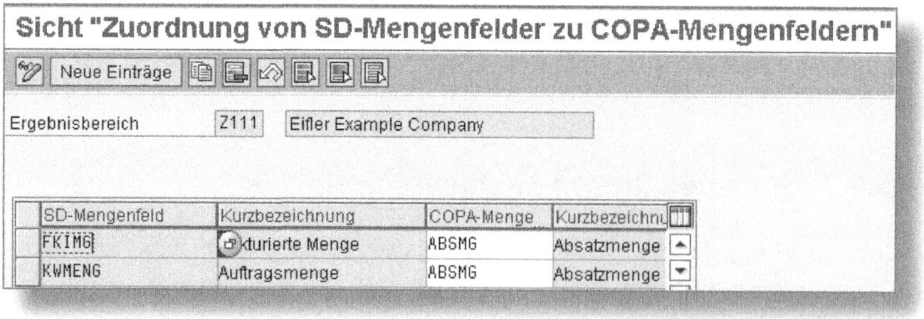

Abbildung 5.2: Zuordnung SD-Mengenfeld zu CO-PA-Mengenfeld

Kann man nun beide Felder dem Mengenfeld Absatzmenge zuordnen? Wenn Sie sowohl die Kundenaufträge als auch die Fakturen in die Ergebnisrechnung übernehmen wollen, bietet es sich im CO-PA an, jeweils ein Mengenfeld für die Kundenauftragsmenge und eines für die Fakturamenge anzulegen, die Sie dann entweder KWMENG bzw. FKIMG zuordnen. Dies hat den Vorteil, dass Sie die beiden Mengenübernahmen in CO-PA-Berichten bequem auseinanderhalten und in den Bewertungsstrategien unterschiedlich behandeln können.

5.1.2 Übernahme von Fakturadaten

Wenn Sie für Ihr Unternehmen entscheiden, die Istdaten zum Zeitpunkt der Faktura in die Ergebnisrechnung zu transferieren, kann dies den Vorteil haben, dass Sie die Daten sofort übergeben und buchen! Ein großer Vorteil des SAP-Systems liegt ja darin, dass die Daten, die Sie erfassen, oft mit dem Sichern auch in anderen Modulen und Berichten zur Verfügung stehen, also quasi in Echtzeit. Als weiterer Vorteil folgt daraus, dass Sie in der Regel einen Datensatz nur einmal erfassen müssen, um ihn in mehreren Modulen sehen und nutzen zu können. Doppelerfassungen gehören der Vergangenheit an, aber deshalb haben Sie sich ja vielleicht auch für SAP entschieden.

Zurück zur Fakturaübernahme (ich schweife schon wieder ab): SD arbeitet für die Preis- und Konditionenfindung mit SD-Kalkulationsschemata. In diesen Kalkulationsschemata werden sogenannte *Konditionsarten* verwendet. Mit der Fakturierung (auch bei der Erfassung eines

Kundenauftrags) wird dieses Kalkulationsschema durchlaufen, und die erforderlichen Preise, Rabatte, Skonti, Boni, Frachten, Verkaufsförderungen etc. für die Kunden-/Artikelkombination, die Sie in Rechnung stellen wollen, werden gefunden. Diese Form der Preis- und Konditionenfindung übernehmen wir in die Ergebnisrechnung – durch Zuordnung der Konditionsarten zu unseren im Ergebnisbereich definierten Wertfeldern.

☛ Anekdote am Rande

In meiner Beratungszeit hatte ich einmal ein Projekt bei einem sehr großen Kunden. Ich war für die Einführung von CO, mein bester Freund für die Einführung von SD zuständig. Ich hatte gerade die SD-Schnittstelle fertig und eine Testfaktura erstellt: Und siehe da: CO-PA war leer! Ich fragte meinen Kumpel, ob er denn alles richtig im SD gecustomized habe. Nach einiger Zeit stellte sich heraus: Ich hatte vergessen, die zugehörigen Konten, die mit der Fakturierung in FI gebucht werden, als Kostenarten vom Typ 11 bzw. 12 anzulegen – mein Freund war völlig schuldlos ... (höre ich heute noch).

Was lernen wir aus dieser Anekdote? Mit der Fakturierung werden nicht nur Daten in das CO-PA übergeben, sondern auch ein Buchhaltungsbeleg in FI für die Erlös- und Rabattbuchung erzeugt. Diese Konten sind zugleich als Kostenart, genauer gesagt als Primärkostenart, anzulegen. Für Erlöse gilt Kostenartentyp 11, für Rabatte Kostenartentyp 12. Primärkostenarten werden in FI und CO benutzt, während Sekundärkostenarten nur im CO Anwendung finden. Bei der automatischen Buchung einer Faktura auf eine Primärkostenart wird eine kostenrechnungsrelevante Kontierung mitgegeben, in diesem Fall ein Ergebnisobjekt. Ein Ergebnisobjekt bildet die Kombination aller mitgegebenen und abgeleiteten Merkmalsausprägungen. Die Kontierung ist echt, alle weiteren sind nur statistisch. Auch hier erkennen wir wieder das Königsmodul!

Jetzt werden Sie sich vielleicht fragen: Was erzählt der uns schon wieder? Vorhin hat er doch gesagt, dass es möglich ist, Kosten und Erlöse auf Kundenaufträgen zu sammeln und anschließend an CO-PA abzurechnen! Außerdem haben wir gelernt, dass die Zuordnung von Konditionsarten zu Wertfeldern sowohl für Kundenaufträge als auch für Fakturen gilt. Wenn nun aber fakturiert wird, übergeben wir doch jetzt schon die Rechnungsdaten an CO-PA und warten nicht auf die Abrechnung der Kundenaufträge! Für diesen Fall setzt der normale SAP-Standard eine Sperre: Wenn Sie über den Kontierungstyp gesteuert haben, dass Ihr Kundenauftrag Kosten und Erlöse sammeln kann, erlaubt SAP automatisch keine zusätzliche Übernahme der zugehörigen Faktura in die Ergebnisrechnung. Sie müssen daher den Kundenauftrag abrechnen!

Einige werden sich eventuell noch an meine Ausführungen in Abschnitt 4.1 erinnern, in denen ich Ihnen etwas über Bewertungsstrategien erzählt habe. Wenn Sie Bewertungsstrategien definiert haben, werden diese Strategien einem Zeitpunkt zugeordnet. Der Zeitpunkt ist eine Kombination aus zwei bzw. drei Merkmalsausprägungen:

- 01 (Istbewertung) in Kombination mit einer Vorgangsart
- 03 (manuelle Planung) in Kombination mit einer Vorgangsart und einer Planversion
- 04 (maschinelle Planung) in Kombination mit Vorgangsart und Planversion

Wenn Sie nun zum Zeitpunkt 01 in Kombination zur Vorgangsart »F« eine Bewertungsstrategie zuordnen, werden trotzdem für die zu fakturierenden Kundenaufträge keine Fakturadaten an CO-PA übergeben, wenn diese Kundenaufträge Kosten und Erlöse sammeln! Wollen Sie nun Kundenaufträge als Kosten- und Erlössammler an CO-PA abrechnen, müssen Sie einer Istbewertungsstrategie den Zeitpunkt 01 in Kombination mit Vorgangsart »C« zuordnen und ferner eine entsprechende Abrechnungsstrategie definieren.

5.1.3 Übernahme von Kundenauftragseingängen

Vieles zu diesem Thema habe ich Ihnen gerade schon berichtet, wichtig ist allerdings, darauf hinzuweisen, dass Sie die Übernahme von Kundenauftragseingängen in die Ergebnisrechnung noch extra im Rahmen des Customizings aktivieren müssen, sonst klappt es nicht. Ferner müssen Sie Ihre Istbewertungsstrategie dem Zeitpunkt 01 in Kombination mit Vorgangsart A zuordnen. Mithilfe der Vorgangsart »A« werden die CO-PA-Belege gekennzeichnet, die aus dem Kundenauftragseingang stammen. Wird die Zuordnung des Bewertungszeitpunktes 01 in Kombination mit Vorgangsart A zu einer Bewertungsstrategie vergessen, werden bei der Übernahme von Kundenauftragseingangsbelegen ins CO-PA keine zusätzlichen Wert- oder Mengenfelder bewertet.

5.1.4 SD-Schnittstelle für unsere Beispieldaten

Für unser Beispiel wollen wir die SD-Schnittstelle zur Füllung folgender Wertfelder verwenden:

- Absatzmenge
- Erlöse
- Rabatte
- Skonti
- Boni
- Frachtkosten
- Verkaufsförderung

Wie bereits beschrieben, sind für die Füllung dieser Wertfelder in dem SD-Kalkulationsschema Konditionsarten definiert. Für Erlöse, Rabatte und Boni wird gleichzeitig auf Sachkonten in der Finanzbuchhaltung gebucht. Skonti, Frachtkosten und Verkaufsförderung werden im SD-Kalkulationsschema als statistisch gekennzeichnet, d. h., die Daten, die über diese Konditionsarten in das CO-PA übergeben werden, werden nicht gleichzeitig in FI gebucht! Das geht nur in der kalkulatorischen Form der Ergebnisrechnung. Sie werden eventuell verwundert feststellen, dass auch Verkaufsförderungen über die SD-Schnittstelle transferiert werden sollen. Dies sind Artikel, die wir dem Kunden schenken, wodurch wir uns einen höheren Absatz erhoffen. Dem Kunden werden diese verschenkten Artikel mit Wert Null in Rechnung gestellt, ins CO-PA werden sie statistisch, also kalkulatorisch, übergeben mit dem Wert, mit dem diese Artikel auch in der Bilanz bewertet sind.

☛ Auftragseingang

Auf FI-Konten wird natürlich nur gebucht, wenn Sie die SD-Schnittstelle zur Fakturaübernahme nutzen. Kundenaufträge werden, ohne dass sie in FI gebucht werden, mit der Vorgangsart »A« übernommen, wenn alles richtig gecustomized ist!

5.1.5 Customizing der SD-Schnittstelle

Im Einstellungsmenü der Ergebnis- und Marktsegmentrechnung (Transaktion ORKE) pflegen Sie die SD-Schnittstelle zunächst für die Wertfelder unter WERTEFLÜSSE IM IST • FAKTUREN ÜBERNEHMEN • WERTFELDER ZUORDNEN. Danach machen Sie einen Doppelklick auf den Eintrag ZUORDNUNGSPFLEGE SD-KONDITIONEN -> CO-PA-WERTFELDER.

☛ Doppelfunktion

Diese Schnittstelle gilt auch für Kundenauftragseingänge.

Nun sehen Sie eine Übersicht, in der die Konditionsarten, die in Ihrem SD-Kalkulationsschema verwendet werden, CO-PA-Wertfeldern zugeordnet werden (siehe Abbildung 5.3).

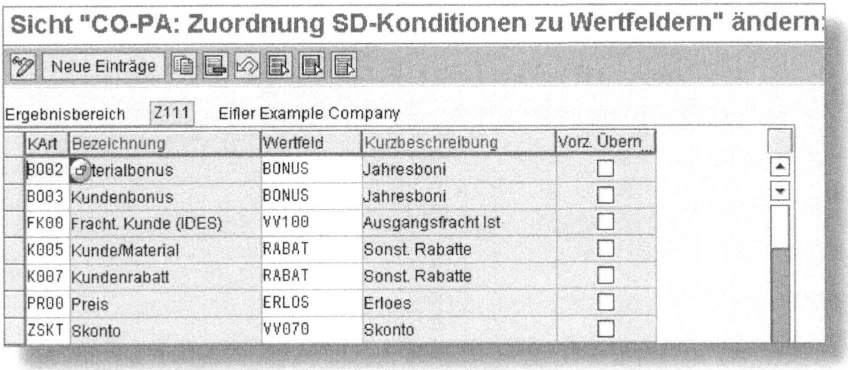

Abbildung 5.3: SD-Schnittstelle zu Wertfeldern

Werden die Daten aus SD neben der Übergabe in das CO-PA gleichzeitig in die Finanzbuchhaltung des Moduls FI gebucht, sind die zugehörigen Konten als Kostenart von Typ 11 (für Erlöse) oder vom Typ 12 (für Erlösschmälerungen) anzulegen! Statistische Konditionsarten können direkt in das CO-PA übertragen werden.

Die Zuordnung von Mengen zu Mengenfeldern ist ähnlich (siehe Abbildung 5.4) und unter analogem Pfad zu erreichen:

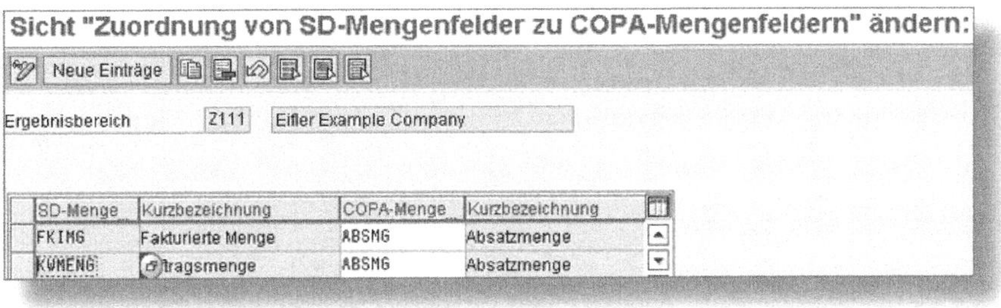

Abbildung 5.4: SD-Schnittstelle Mengenfelder

Nun will ich Ihnen kurz den Beweis führen, dass das beschriebene Customizing klappt: In einem Kundenauftrag oder in einer Faktura wählen Sie eine Position aus und gehen dann zum Tabellenreiter KONDITIONEN. Dort sehen Sie z. B. ein Bild analog zu Abbildung 5.5.

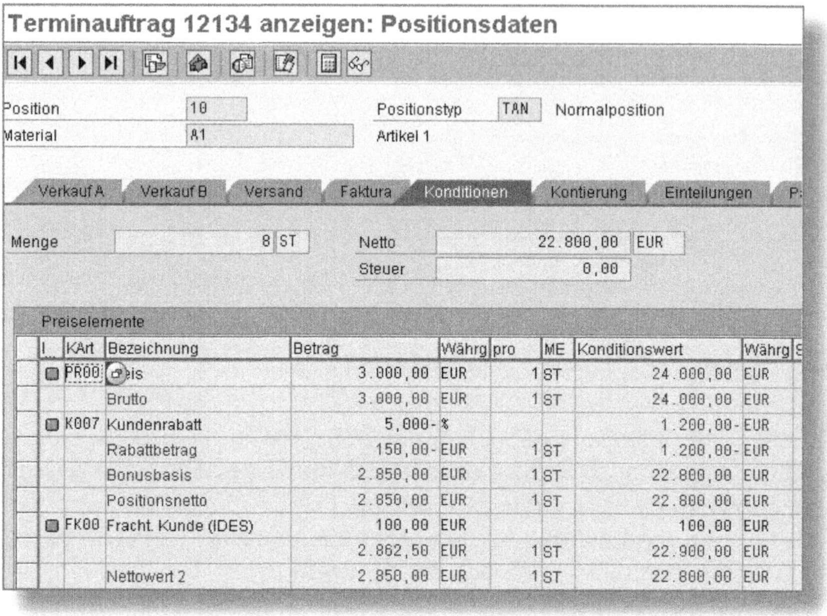

Abbildung 5.5: Beispielanalyse Terminauftrag 12134

Betrachten wir nun den erfassten Isteinzelposten für Vorgangsart A in der Ergebnisrechnung, sehen wir Werte in den Mengen- und Wertfeldern gemäß Abbildung 5.6 und Abbildung 5.7.

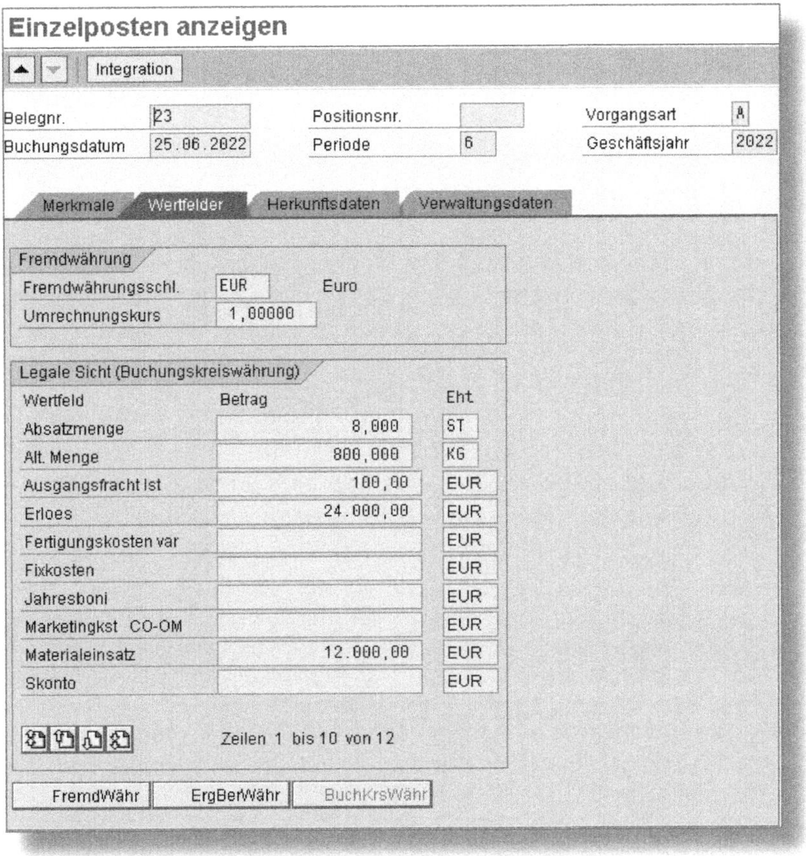

Abbildung 5.6: CO-PA-Einzelposten für Auftrag 12134 (1)

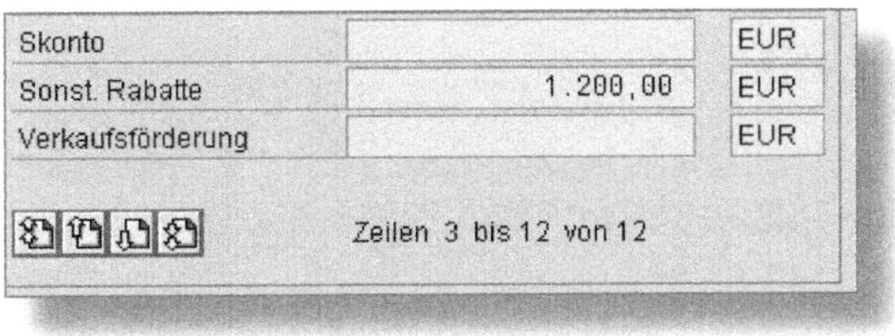

Abbildung 5.7: CO-PA-Einzelposten für Auftrag 12134 (2)

Die Felder ABSATZMENGE, AUSGANGSFRACHT, ERLÖS und SONSTIGE RABATTE kommen über die SD-Schnittstelle! Und die beiden anderen? Natürlich aus der Bewertung (das wissen Sie ja schon).

5.2 Abrechnung an das CO-PA

Was können Sie alles in der Ergebnisrechnung abrechnen? Eigentlich sind hier Ihrer Fantasie wieder keine Grenzen gesetzt. Ich werde mich auf vier Möglichkeiten aus unterschiedlichen Modulen beschränken:

- Abrechnung von Innenaufträgen: Innenaufträge können Sie verwenden, um die Kosten von innerbetrieblichen Aktivitäten zu kontrollieren, z. B. Entwicklungskosten, Kosten von Werbemaßnahmen etc. Diese Kosten buchen und sammeln Sie auf den Innenaufträgen, um sie dann nach Abschluss an Ergebnisobjekte abzurechnen. Wie ich Ihnen gleich im nächsten Abschnitt zeigen werde, definieren Sie dafür in Ihrem Abrechnungsprofil als Kontierungsvorschlag ERG für Ergebnisobjekt und geben dabei genau an, auf welche Merkmale abzurechnen ist.
- Sie können ferner aus dem Modul PS (Projektsystem) Kosten und Erlöse, die auf einem Projekt gesammelt wurden, an CO-PA abrechnen.
- Firmen, die eher als Einzelfertiger arbeiten, nutzen einen SD-Kundenauftrag als Sammelstelle für Erlöse und Kosten, um ihn nach der Lieferung und Fakturierung an die Ergebnisrechnung abzurechnen.
- Eine vierte Möglichkeit besteht darin, dass Sie Fertigungs- und Serienaufträge mit Produktkostensammlern aus PP heraus auf Ergebnisobjekte des CO-PA abrechnen. Normalerweise haben Sie in diesen Fällen die Abweichungsermittlung in der Kostenträgerrechnung im Einsatz. Sie können Produktionsabweichungen für endgefertigte Aufträge abrechnen oder Abweichungen aus langlaufenden Fertigungsaufträgen ins CO-PA übernehmen, die Sie sogar getrennt nach einzelnen Abweichungskategorien darstellen können.

Ich habe jetzt nur vier Abrechnungswege skizziert: aus CO, aus PS, aus SD und aus PP in die Ergebnisrechnung – hier zeigt sich wieder, dass im CO-PA die Daten aus vielen unterschiedlichen SAP-Modulen zusammengefügt werden.

Welchen Abrechnungsweg wollen wir für unser Beispiel wählen? Lassen Sie uns für die Marketingkosten Innenaufträge verwenden, die wir dann an die Ergebnisrechnung abrechnen werden.

5.2.1 Customizing der Abrechnung an das CO-PA für unser Beispiel

Im Einstellungsmenü der Ergebnisrechnung (ORKE) richten Sie sich zunächst ein ERGEBNISSCHEMA ein. Dorthin gelangen Sie gemäß Abbildung 5.8.

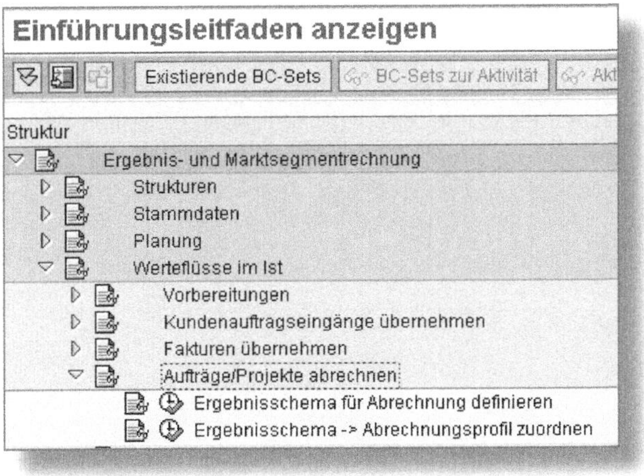

Abbildung 5.8: Customizing-Pfad Aufträge abrechnen

Ein Ergebnisschema wird für die Auftragsabrechnung verwendet. Dabei können beliebig viele Ergebniszuordnungen vorgenommen werden. Bei diesen Ergebniszuordnungen werden Kosten- oder Erlösarten CO-PA-Wertfeldern zugeordnet. Im Beispiel haben wir Ergebnisschema 10 angelegt mit der Zuordnung 10 (siehe Abbildung 5.9).

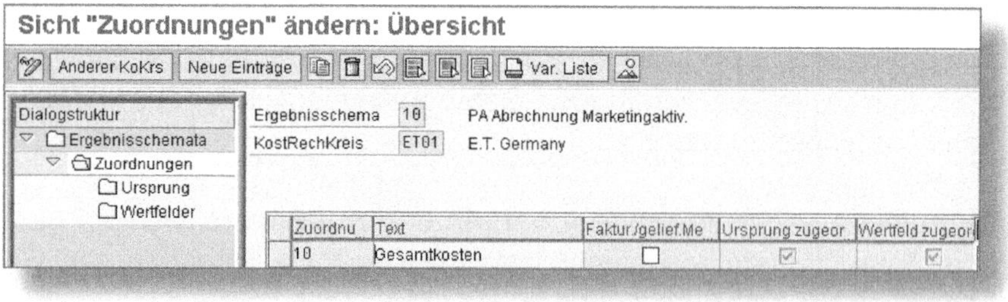

Abbildung 5.9: Einstieg Ergebnisschema 10

Bei der Ergebniszuordnung definieren Sie zunächst einen Ursprung, d. h. Sie legen fest, welche Kostenarten Sie in diesem Abrechnungsschritt an die Ergebnisrechnung abrechnen wollen (siehe Abbildung 5.10). In diesem Beispiel wollen wir nur das Aufwandskonto 478000 abrechnen, das in unserem Kontenplan die Marketingaufwände enthält. Da es sich in diesem Fall um primäre Konten handelt, ist das Sachkonto 478000 zugleich als Kostenart mit Kostenartentyp 1 (Primärkosten) angelegt.

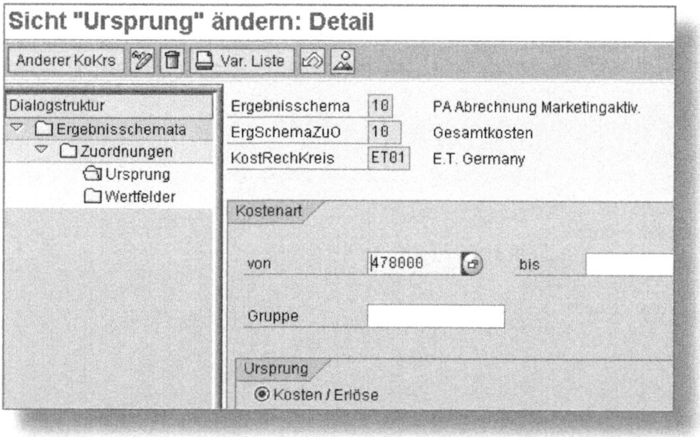

Abbildung 5.10: Zuordnung Kostenart zum Ergebnisschema 10

In einem zweiten Schritt ordnen wir der Ergebniszuordnung 10 außerdem ein CO-PA-Wertfeld VV380 zu, in das die Marketingkosten abgerechnet werden sollen (Abbildung 5.11).

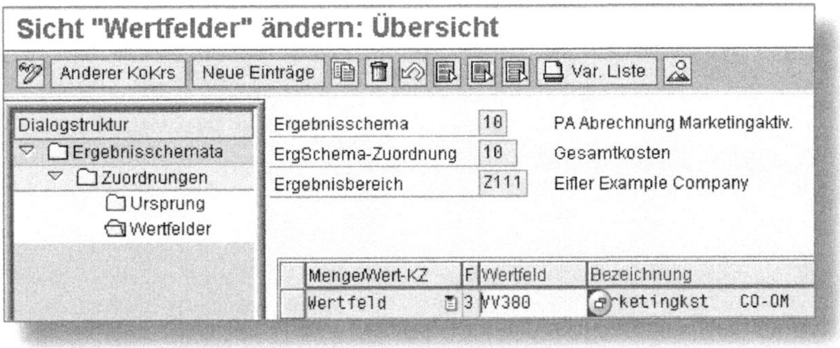

Abbildung 5.11: Zuordnung Wertfeld VV380 zum Ergebnisschema 10

Danach ordnen Sie das Ergebnisschema einem Abrechnungsprofil zu (siehe Abbildung 5.12).

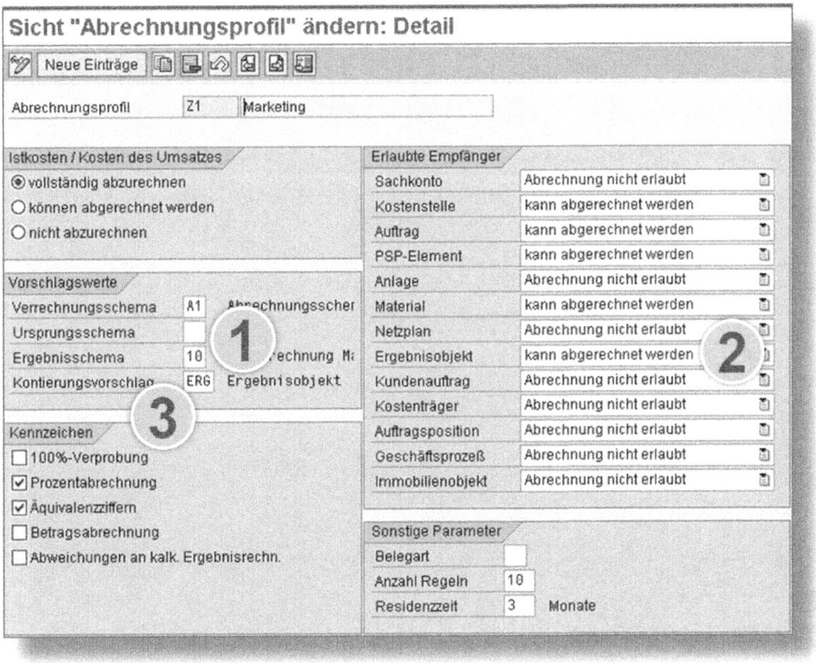

Abbildung 5.12: Abrechnungsprofil für Marketingaufträge

Das Ergebnisschema 10 ist dem Abrechnungsprofil Z1 in unserem Beispiel zugeordnet ❶. In diesem Abrechnungsprofil haben Sie festgelegt, dass Sie auf Ergebnisobjekte abrechnen wollen ❷ und dass beim Erzeugen einer Abrechnungsvorschrift als Abrechnungsempfänger ein Ergebnisobjekt vorgeschlagen wird ❸. Die Marketingaufträge werden im Modul CO-OM-OPA als Innenaufträge zur Auftragsart Z400 angelegt.

Ein Abrechnungsprofil wird bei Aufträgen aus der Auftragsart in die Abrechnungsvorschrift übernommen. Die innerbetriebliche Auftragsart für unsere Innenaufträge ist mit Z400 angelegt (Abbildung 5.13).

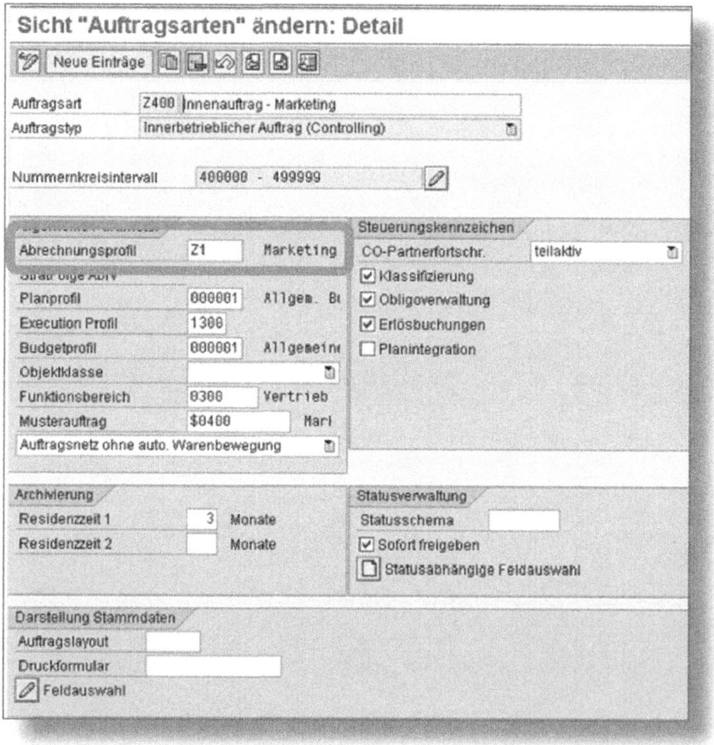

Abbildung 5.13: Auftragsart Z400

Jeder angelegte Innenauftrag enthält eine Abrechnungsvorschrift; diese legen Sie aus der Pflege der Stammdaten heraus über den Button

ABRECHNVORSCHR an (siehe Abbildung 5.14). Wir haben die Aufträge 400217, 400218 und 400219 für unser Beispiel angelegt.

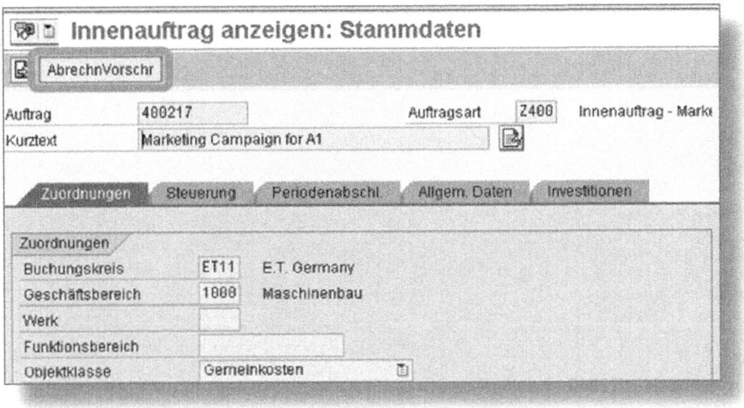

Abbildung 5.14: Innenauftrag 400217 mit Abrechnungsvorschrift

Die Abrechnungsvorschrift definiert zusätzlich die Merkmale, die bei dieser Abrechnung an CO-PA mitgegeben werden (siehe Abbildung 5.15).

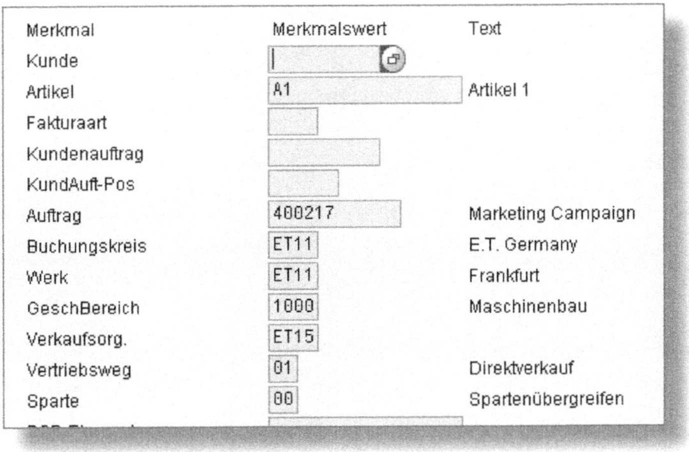

Abbildung 5.15: Merkmale in Abrechnungsvorschrift zum Auftrag 400217

Bei der Buchung auf der Kostenart 478000 (Marketing- und Vertriebskosten) werden die angelegten Innenaufträge mitkontiert. Dies ist in Berichten der Innenauftragsrechnung sichtbar (siehe Abbildung 5.16).

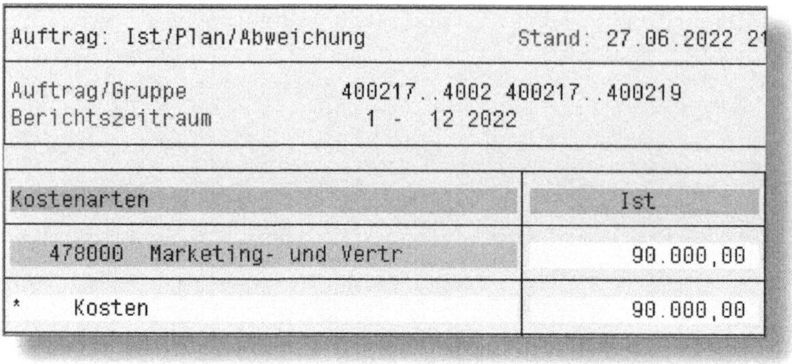

Auftrag: Ist/Plan/Abweichung Stand: 27.06.2022 21

Auftrag/Gruppe 400217..4002 400217..400219
Berichtszeitraum 1 - 12 2022

Kostenarten	Ist
478000 Marketing- und Vertr	90.000,00
* Kosten	90.000,00

Abbildung 5.16: Kosten sichtbar im CO-OM-OPA

In den Abrechnungsvorschriften der Innenaufträge wurden 3 Artikel kontiert:

- Marketingkosten in Höhe von 10.000 € für Artikel A1 (Auftrag 400217)
- Marketingkosten in Höhe von 50.000 € für Artikel A5 (Auftrag 400218)
- Marketingkosten in Höhe von 30.000 € für Artikel A3 (Auftrag 400219)

Zum Periodenabschluss werden nun diese Innenaufträge über die Transaktion KO88 an die Ergebnisrechnung abgerechnet (siehe Abbildung 5.17).

In CO-PA-Berichten oder in den Isteinzelposten des CO-PA können Sie sich das Ergebnis der Abrechnung ansehen (siehe Abbildung 5.18).

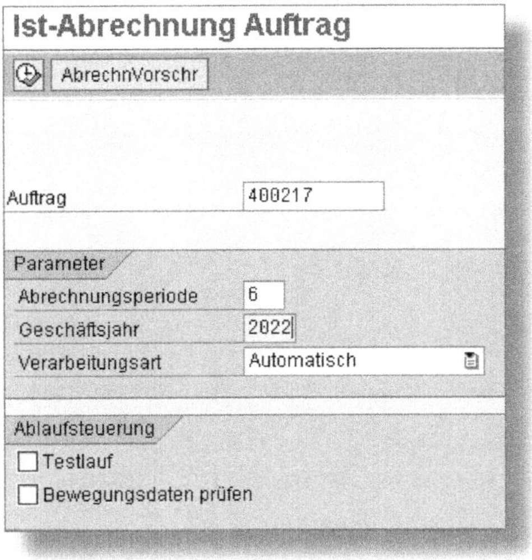

Abbildung 5.17: Beispielselektionsbildschirm für KO88

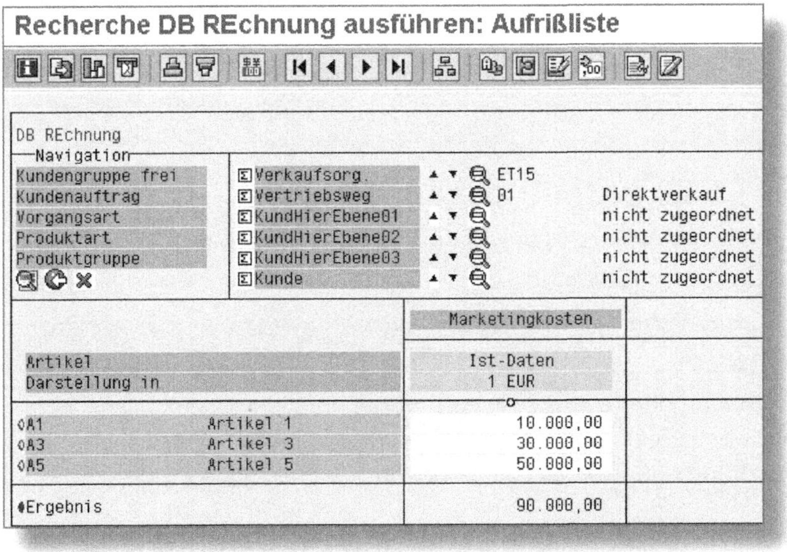

Abbildung 5.18: Abgerechnete Marketingkosten im CO-PA

In der Abrechnungsvorschrift eines Innenauftrags wurde auf Artikel und deren Ableitung kontiert, d. h. auf Kundenmerkmalen sind die Marketingkosten nicht sichtbar, aber auf allen Artikelmerkmalen (siehe Abbildung 5.19).

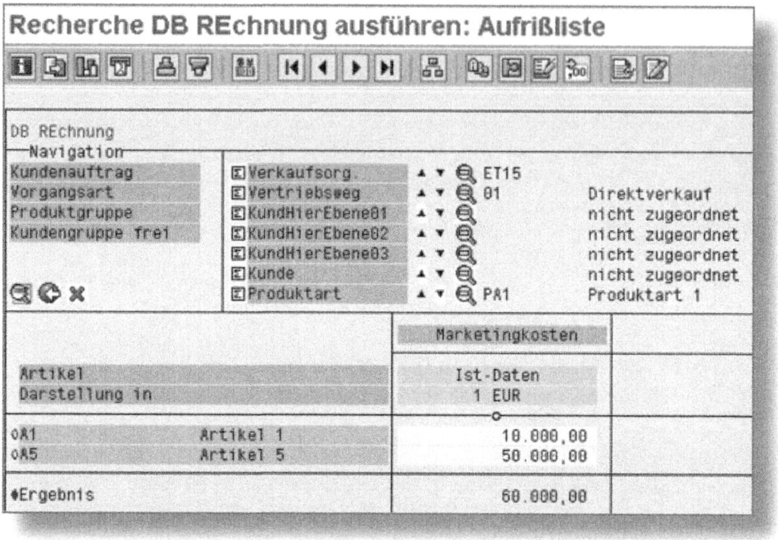

Abbildung 5.19: Drill-Down von Produktart auf Artikel für Marketingkosten

Natürlich sind diese Kosten auch in einer gesamten DB-Rechnung sichtbar (siehe Abbildung 5.20).

Abrechnung

Den Ablauf der Abrechnung eines Innenauftrags an das CO-PA können Sie noch einmal in einem Video nachvollziehen, das Sie im Internet unter *http://video4.copa.espresso-tutorials.de* finden.

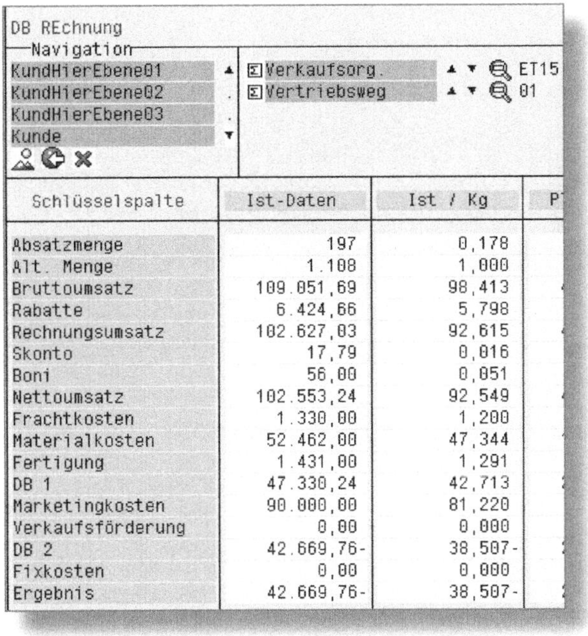

DB REchnung

Navigation

KundHierEbene01 | Verkaufsorg. ET15
KundHierEbene02 | Vertriebsweg 01
KundHierEbene03
Kunde

Schlüsselspalte	Ist-Daten	Ist / Kg	P
Absatzmenge	197	0,178	
Alt. Menge	1.108	1,000	
Bruttoumsatz	109.051,69	98,413	
Rabatte	6.424,66	5,798	
Rechnungsumsatz	102.627,03	92,615	
Skonto	17,79	0,016	
Boni	56,00	0,051	
Nettoumsatz	102.553,24	92,549	
Frachtkosten	1.330,00	1,200	
Materialkosten	52.462,00	47,344	
Fertigung	1.431,00	1,291	
DB 1	47.330,24	42,713	
Marketingkosten	90.000,00	81,220	
Verkaufsförderung	0,00	0,000	
DB 2	42.669,76-	38,507-	
Fixkosten	0,00	0,000	
Ergebnis	42.669,76-	38,507-	

Abbildung 5.20: Ist-DB mit Marketingkosten

Nachdem ich Ihnen die notwendigen Einstellungen zur Abrechnung dargestellt habe, wenden wir uns nun der FI-Schnittstelle zu.

5.3 FI-Schnittstelle

Vom Customizing her funktioniert die FI-Schnittstelle ähnlich wie die Abrechnungen an das CO-PA. Sie verwenden dazu lediglich das Ergebnisschema FI.

Sie benötigen diese Schnittstelle, wenn Sie direkt bei der Buchung auf einem FI-Konto, das gleichzeitig als Primärkostenart angelegt ist, als kostenrechnungsrelevante Kontierung ein Ergebnisobjekt angeben. Wie ich Ihnen bereits in Abschnitt 2.1 beschrieben habe, kann es sein, dass Ihre Buchhaltungskollegen bei der direkten Kontierung eines Ergebnisobjekts im Rahmen der manuellen Buchungen in FI nicht Ihre besten Freunde werden, weil dies für Ihre Kollegen zusätzlichen Aufwand bedeutet und umständlich erscheint. Auch eine automatisierte Kontierung, die Sie ggf. gecustomized haben, ist nur so lange förderlich, solange diese Automatik nicht unterbrochen wird. Firmen, die die FI-Schnittstelle wählen, um direkt in die Ergebnisrechnung zu buchen, werden bei der Kontierung auf ein Ergebnisobjekt sicherlich nur Merkmale mitgeben, die auf einer hohen aggregierten Ebene stehen. Das heißt im Umkehrschluss aber auch, dass sich die Wertfelder, die durch die FI-Schnittstelle gefüllt werden, nicht mehr sehr detailliert auswerten lassen. Wir erhalten dadurch kaum Informationen, die wir nicht schon haben. Daher werde ich für unser Beispiel keine FI-Schnittstelle in der Ergebnisrechnung einrichten.

5.4 Kostenstellenumlagen

Wenn Sie Ihre Kosten, die Sie nicht bereits in Ihrem Bestand verrechnet haben, vollständig in der Ergebnisrechnung ausweisen wollen, können Sie im Rahmen des Periodenabschlusses Ihre Kosten im Rahmen einer Istumlage in die Ergebnisrechnung übertragen. Dabei bildet die Kombination aus Kostenart/Kostenstelle Ihren Sender, Ergebnisobjekte sind Ihre Empfänger. Bei einer Umlage wird, anders als bei einer Verteilung, mit Sekundärkostenarten gearbeitet, d. h., die ursprünglichen Werte sind noch nach der Umlage auf den Primärkostenarten sichtbar.

Bei der Kostenstellenumlage im Ist können Sie für die Umlage unterschiedliche Bezugsbasen wählen: variable Anteile, feste Anteile, Prozentwerte oder feste Beträge. Je detaillierter Sie hier werden, desto detaillierter lassen sich später Ihre Kosten auswerten.

Für unser Beispiel werden wir die Zeile »Fixkosten« per Kostenstellenumlage füllen. Dabei gehen wir davon aus, dass Fixkosten auf Kostenstellen kontiert werden. Die Fixkosten sind somit in der Kostenstellenrechnung (Modul CO-OM-CCA) vorhanden und sollen nun auf Ergebnisobjekte der Ergebnisrechnung umgelegt werden. Dazu ist ein Ist-Umlagezyklus anzulegen (siehe Abbildung 5.21).

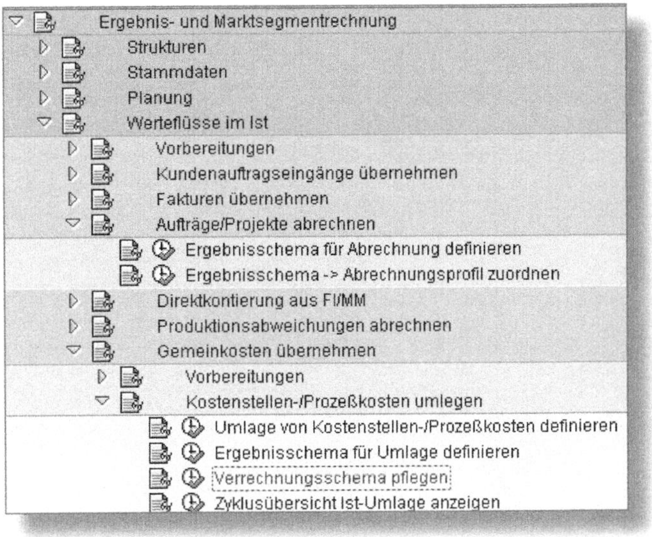

Abbildung 5.21: Pfad zur Umlage von Kostenstellen

Sie führen den Schritt UMLAGE VON KOSTENSTELLEN-/PROZESSKOSTEN DEFINIEREN aus und drücken dann IST-UMLAGE ANLEGEN. Nachdem Sie einen Umlagezyklus inklusive Anfangsdatum benannt haben, gelangen Sie über Drücken des Buttons `Enter` in die Kopfdaten Ihres Umlagezyklus (siehe Abbildung 5.22).

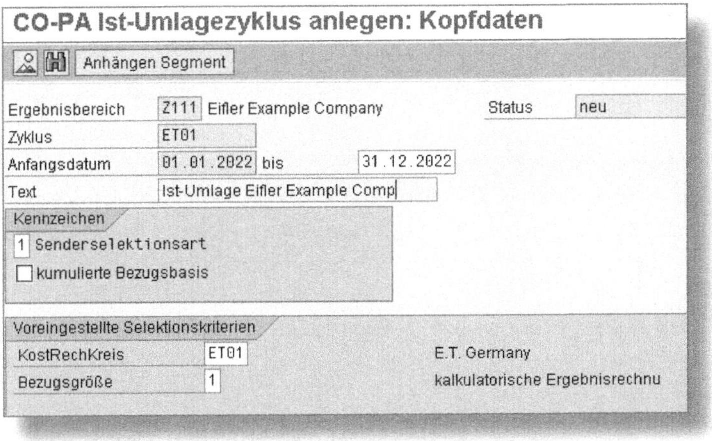

Abbildung 5.22: Kopfdaten Ist-Umlagezyklus

In unserem Beispiel gehen wir davon aus, dass auf dem Konto 467500 (Verwaltungskosten), das gleichzeitig als Kostenart vom Typ 1 (Primärkostenart) angelegt ist, folgende Kostenstellen gebucht worden sind (siehe Abbildung 5.23). Auf dieser einfachen Datenbasis wollen wir nun unsere Umlagezyklussegmente aufbauen.

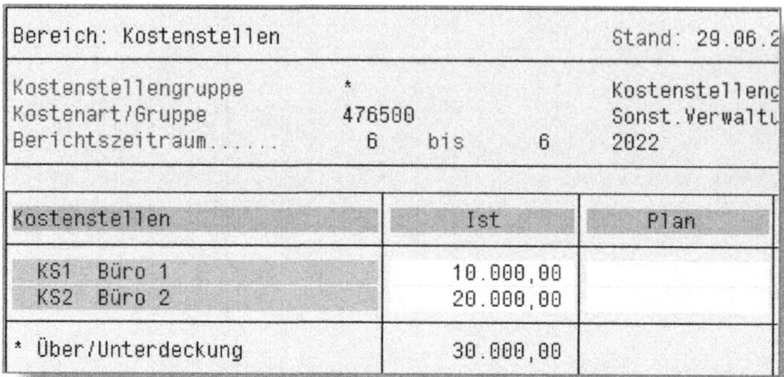

Bereich: Kostenstellen   Stand: 29.06.2

Kostenstellengruppe	*			Kostenstelleng
Kostenart/Gruppe	476500			Sonst.Verwaltu
Berichtszeitraum......	6	bis	6	2022

Kostenstellen	Ist	Plan
KS1 Büro 1	10.000,00	
KS2 Büro 2	20.000,00	
* Über/Unterdeckung	30.000,00	

Abbildung 5.23: Fixkosten auf Ebene Kostenstelle/Kostenart

Ein Umlagezyklus dient dazu, die auf der Kombination Kostenstelle/ Kostenart gebuchten Kosten in die Ergebnisrechnung umzulegen. In einem Umlagezyklus werden Umlagezyklussegmente angelegt. Wenn Sie unterschiedliche Sender in unterschiedliche Empfänger mithilfe des Umlagezyklus umlegen wollen, müssen Sie dazu verschiedene Segmente anlegen.

Im 1. Segment des Zyklus sollen die Fixkosten des Senders, Kostenstelle »KS1«, mit der Kostenart 476500 zu 100 % auf allgemeine Merkmale des Ergebnisbereichs Z111 und auf die Merkmale des Kunden K1 umgelegt werden. Im 2. Segment wollen wir den Sender Kostenstelle »KS2« mit der Kostenart 476500 nach variablen Anteilen umlegen, und zwar nach tatsächlich erfassten Absatzmengen. Diese beiden Segmente wollen wir customizen.

Dazu ist es im Vorfeld noch nötig, zwei Umlagekostenarten vom Typ 42 anzulegen. Dabei handelt es sich um eine Kostenart, die nur im Modul Controlling gültig ist. Der Kostenartentyp 42 wird für Umlagen verwendet. Mithilfe einer Umlagekostenart bleiben die Primärkosten in der Kostenstellenrechnung sichtbar, über die Umlagekostenart wird entlastet. Der Segmentkopf des 1. Segmentkopfes sieht folgendermaßen aus (siehe Abbildung 5.24).

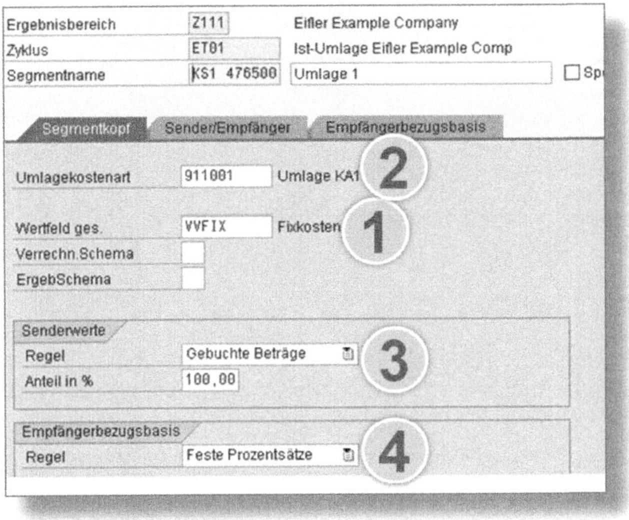

Abbildung 5.24: Segmentkopf Segment 1

Hier habe ich das Wertfeld »VVFIX« zugeordnet ❶ und die UMLAGEKOSTENART eingetragen ❷. In den Parameter unter SENDERWERTE ❸ lege ich fest, dass der Gesamtbetrag der auf der Kostenstelle gebuchten Kosten weiterbelastet werden soll. Die Aufteilung auf die Empfänger erfolgt anhand von festen Prozentsätzen ❹.

Die Sender und Empfänger werden gemäß der Vorgabe eingerichtet (siehe Abbildung 5.25). Hier können Sie erkennen, dass ich als Sender die Kostenstelle KS1 und die Kostenart 476500 eingetragen habe ❶; damit habe ich bestimmt, dass alle Kosten, die unter dieser Kostenart auf Kostenstelle KS1 gebucht sind, umgelegt werden sollen. Als Empfänger habe ich einige Merkmalswerte eingetragen, unter anderem den Kunden K1 ❷.

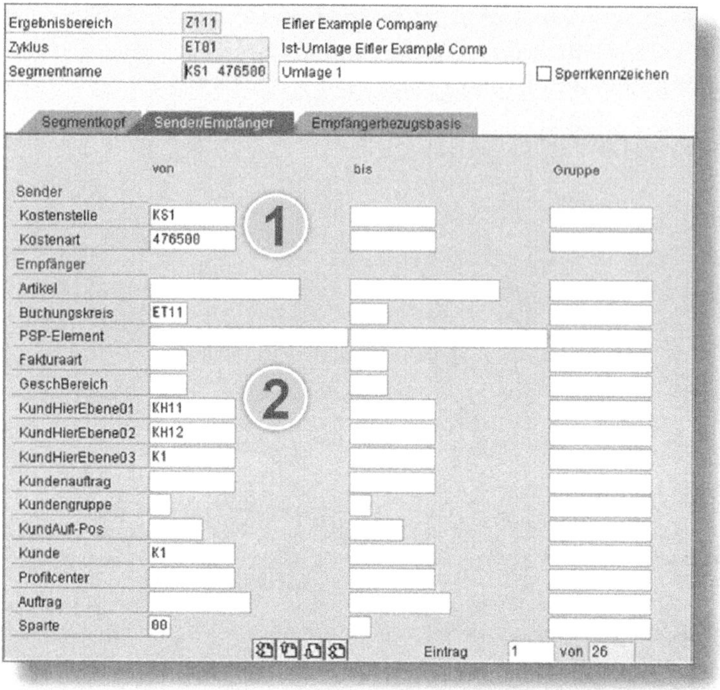

Abbildung 5.25: Sender/Empfänger des Segmentes 1

Nun ist noch die EMPFÄNGERBEZUGSBASIS einzurichten (siehe Abbildung 5.26). Eine Empfängerbezugsbasis legt fest, mit welchen Bezugswerten ein Empfänger ausgewählt wird, d. h. wie viel der Empfänger von der Umlage abbekommt.

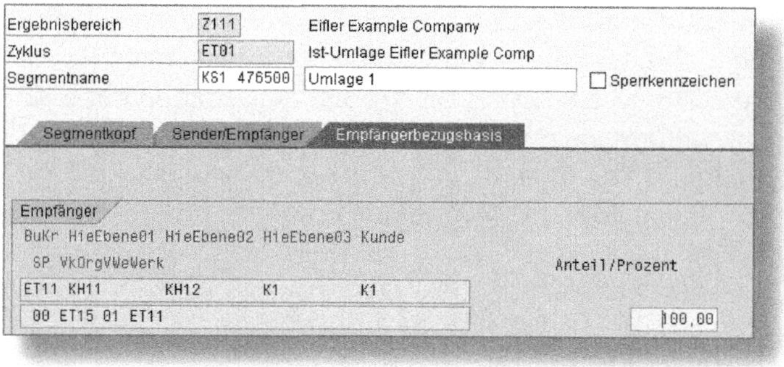

Abbildung 5.26: Empfängerbezugsbasis Segment 1

Nun wird Segment 2 eingerichtet. Wir pflegen zunächst den SEGMENTKOPF (siehe Abbildung 5.27).

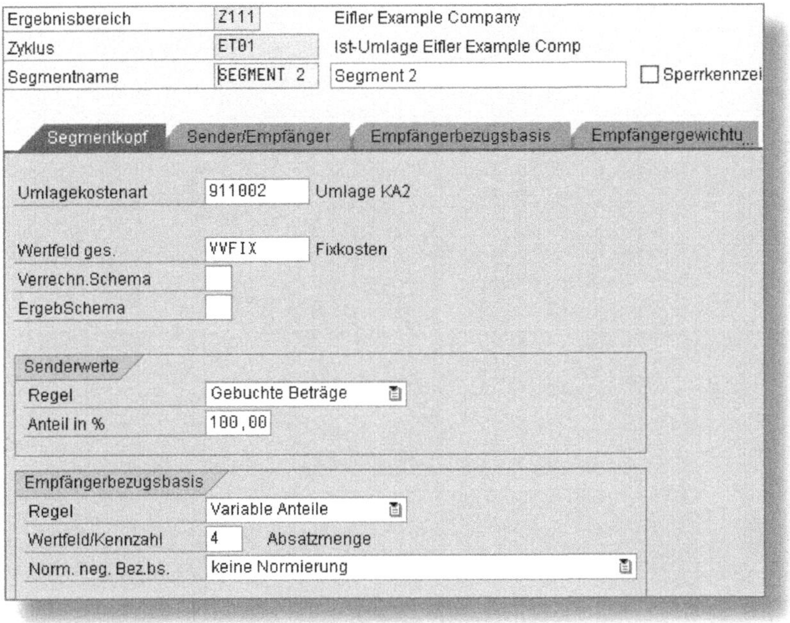

Abbildung 5.27: Segmentkopf Segment 2

Gemäß der Vorgabe soll nach variablen Anteilen umgelegt werden. Anhand eines vorgegebenen Wert- oder Mengenfeldes, das als Bezugsbasis dient, kann der Sender auf den Empfänger umgelegt werden. Beispielsweise will man nach Istabsatzmengen der abzuschließenden Periode verteilen. Da in der Regel bei der Definition des Umlagezyklus noch nicht bekannt ist, wie die Mengen einer Periode ausfallen werden, spricht man von *variablen Anteilen* – auch, weil sich das Segment auf viele Perioden anwenden lässt.

Wie für Segment 1 sind nun für Segment 2 wieder die Sender/Empfänger, die Empfängerbezugsbasis und Empfängergewichtungsfaktoren zu definieren (siehe Abbildung 5.28).

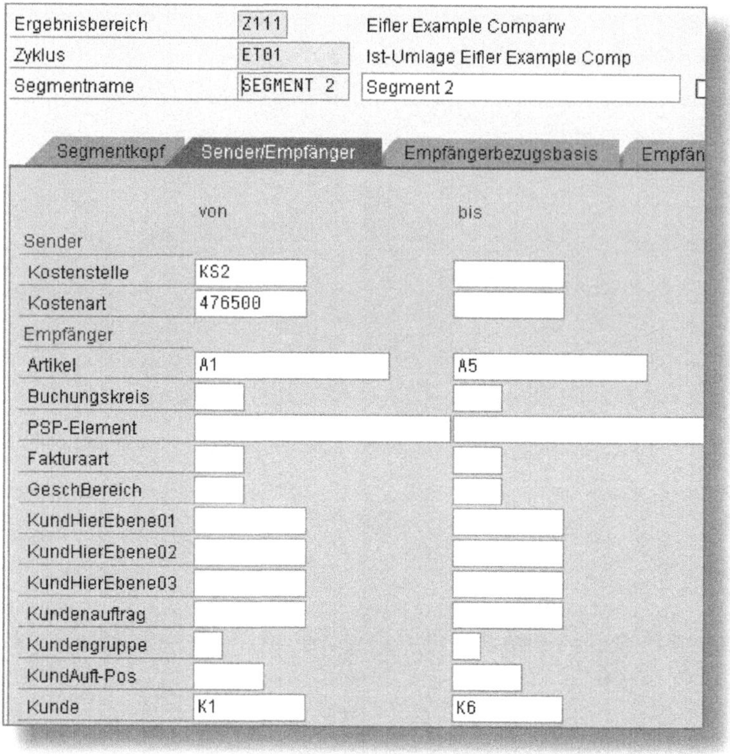

Abbildung 5.28: Sender/Empfänger von Segment 2

Wir wollen, wie in Abbildung 5.29 zu sehen, vom Sender Kostenstelle KS2 in Kombination mit der Kostenart 476500 auf die Produkte A1 bis A5 und Kunde K1 bis K6 umlegen. In der Empfängerbezugsbasis wird festgelegt, welche Bezugsdaten für die Umlage herangezogen werden. Es soll gemäß gebuchter Istauftragsmengen verteilt werden.

Aufgrund der Regel »Variable Anteile« müssen Sie nun zusätzlich die Empfängergewichtungsfaktoren vorgeben (siehe Abbildung 5.30). Anhand der Bezugsbasis schlägt Ihnen CO-PA alle möglichen Merkmalskombinationen vor, die Sie noch gewichten können:

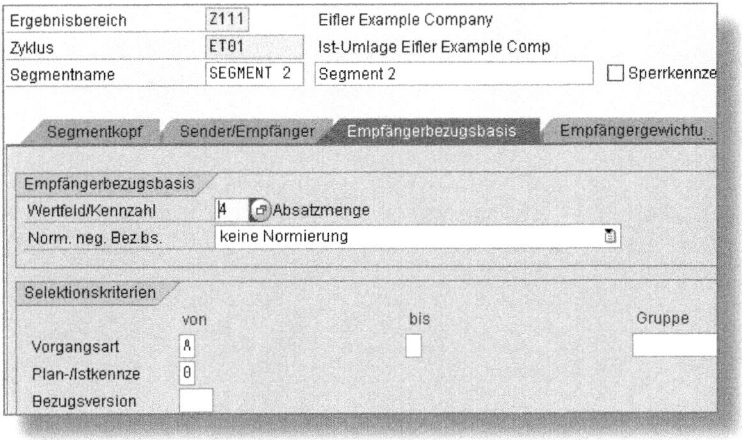

Abbildung 5.29: Empfängerbezugsbasis Segment 2

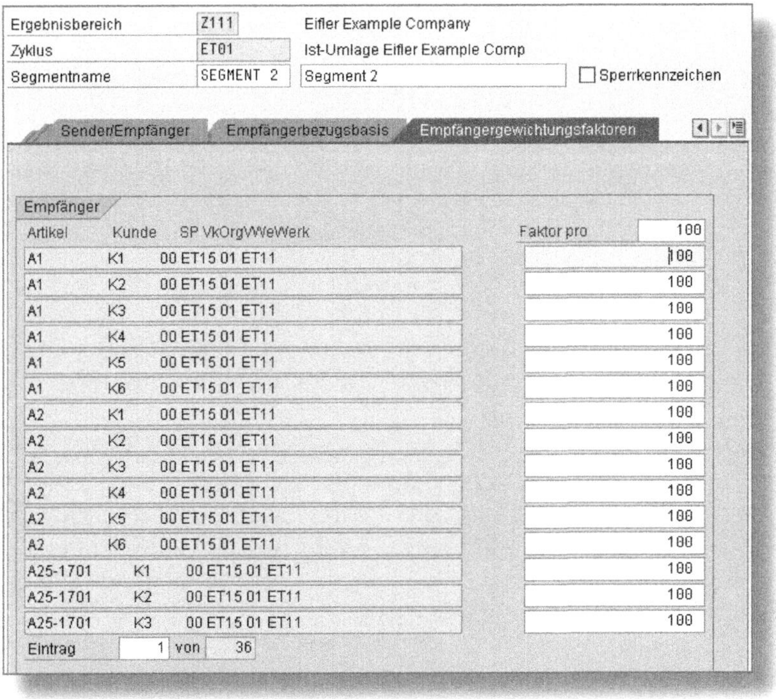

Abbildung 5.30: Empfängergewichtungsfaktoren Segment 2

Je nachdem, wie viele Empfänger Sie im Reiter SENDER/EMPFÄNGER vorgeben, werden entsprechend viele Empfängergewichtungsfaktoren aus der Kombination dieser Empfängermerkmalsausprägungen gebildet. Nach dem Sichern ist der Zyklus über Transaktion KEU5 ausführbar (siehe Abbildung 5.31).

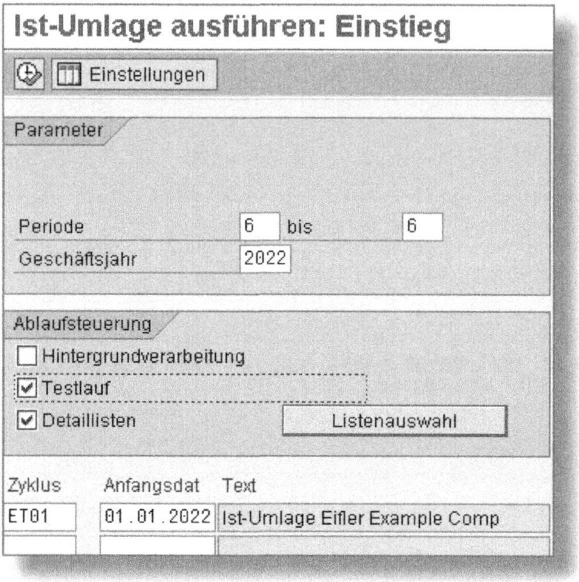

Abbildung 5.31: Ausführen Ist-Umlagezyklus

Vielleicht führen Sie einmal mit Testlauf die Umlage gemäß Abbildung 5.31 aus und sehen sich das anschließende Protokoll an (siehe Abbildung 5.32).

Sender, Empfänger, Fehler und Segmente sollten vor dem Echtlauf analysiert werden, danach kann der Echtlauf starten. Nach dem ausgeführten Echtlauf wollen wir das Ergebnis analysieren. Was ist in der Kostenstellenrechnung passiert? Sehen wir uns in Abbildung 5.33 einen Standardkostenstellenbericht an.

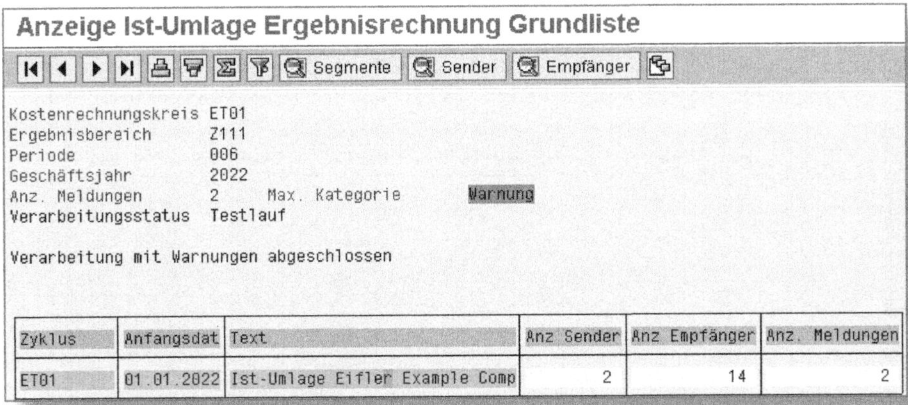
Anzeige Ist-Umlage Ergebnisrechnung Grundliste

Segmente | Sender | Empfänger

Kostenrechnungskreis ET01
Ergebnisbereich Z111
Periode 006
Geschäftsjahr 2022
Anz. Meldungen 2 Max. Kategorie Warnung
Verarbeitungsstatus Testlauf

Verarbeitung mit Warnungen abgeschlossen

Zyklus	Anfangsdat	Text	Anz Sender	Anz Empfänger	Anz. Meldungen
ET01	01.01.2022	Ist-Umlage Eifler Example Comp	2	14	2

Abbildung 5.32: Testlaufprotokoll CCA-Umlage

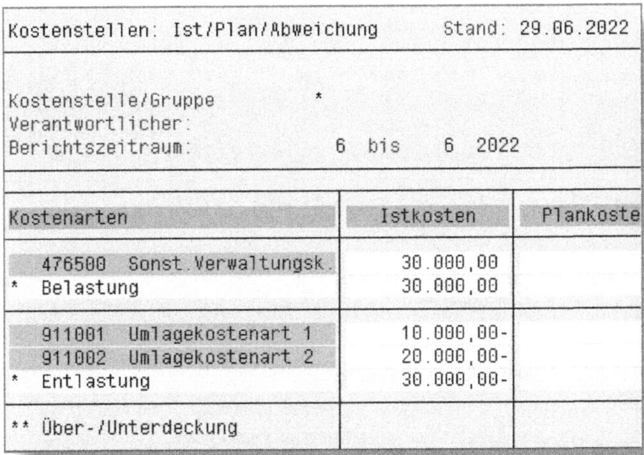
Kostenstellen: Ist/Plan/Abweichung Stand: 29.06.2022

Kostenstelle/Gruppe *
Verantwortlicher:
Berichtszeitraum: 6 bis 6 2022

Kostenarten	Istkosten	Plankoste
476500 Sonst.Verwaltungsk.	30.000,00	
* Belastung	30.000,00	
911001 Umlagekostenart 1	10.000,00-	
911002 Umlagekostenart 2	20.000,00-	
* Entlastung	30.000,00-	
** Über-/Unterdeckung		

Abbildung 5.33: Umlagezyklusergebnis in der CCA

Sie erkennen die Primärkosten in der Kostenstellenrechnung in Höhe von 30.000 €, aber die Kostenstellen wurden komplett entlastet. Sie sehen diese Kosten nun außerdem in der Ergebnisrechnung im Wertfeld FIXKOSTEN (siehe Abbildung 5.34). Wenn Sie dort die Fixkosten detaillierter betrachten, werden Sie feststellen, dass gemäß der Verteilungsvorgabe aus Segment 2 auch tiefere Merkmale mit Fixkosten bedient worden sind.

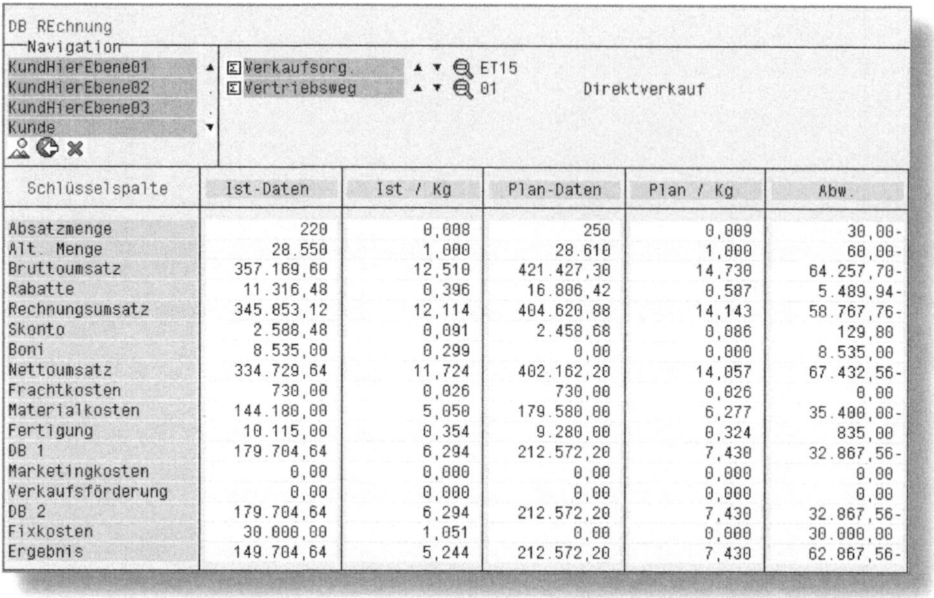

DB REchnung
Navigation
KundHierEbene01
KundHierEbene02
KundHierEbene03
Kunde
Verkaufsorg. ET15
Vertriebsweg 01 Direktverkauf

Schlüsselspalte	Ist-Daten	Ist / Kg	Plan-Daten	Plan / Kg	Abw.
Absatzmenge	220	0,008	250	0,009	30,00-
Alt. Menge	28.550	1,000	28.610	1,000	60,00-
Bruttoumsatz	357.169,60	12,510	421.427,30	14,730	64.257,70-
Rabatte	11.316,48	0,396	16.806,42	0,587	5.489,94-
Rechnungsumsatz	345.853,12	12,114	404.620,88	14,143	58.767,76-
Skonto	2.588,48	0,091	2.458,68	0,086	129,80
Boni	8.535,00	0,299	0,00	0,000	8.535,00
Nettoumsatz	334.729,64	11,724	402.162,20	14,057	67.432,56-
Frachtkosten	730,00	0,026	730,00	0,026	0,00
Materialkosten	144.180,00	5,050	179.580,00	6,277	35.400,00-
Fertigung	10.115,00	0,354	9.280,00	0,324	835,00
DB 1	179.704,64	6,294	212.572,20	7,430	32.867,56-
Marketingkosten	0,00	0,000	0,00	0,000	0,00
Verkaufsförderung	0,00	0,000	0,00	0,000	0,00
DB 2	179.704,64	6,294	212.572,20	7,430	32.867,56-
Fixkosten	30.000,00	1,051	0,00	0,000	30.000,00
Ergebnis	149.704,64	5,244	212.572,20	7,430	62.867,56-

Abbildung 5.34: Die Ist-Fixkosten sind per Umlage im CO-PA angekommen

Wir beenden damit den Abschnitt zur Abrechnung und kommen zu den Einzelpostenkorrekturen.

5.5 Einzelpostenkorrekturen direkt im CO-PA

Mit dem SAP-System arbeiten Menschen. Menschen neigen dazu, ab und zu Fehler zu machen. Wenn beim Arbeiten im SAP-System Fehler passieren, die zu falschen Daten in der Ergebnisrechnung führen, ist oft guter Rat teuer. Da, wie schon mehrfach erwähnt, die Ergebnisrechnung die letzte Stelle im SAP-System bildet, sollten spätestens hier vorher gemachte Fehler auffallen.

Bei Fehlern, die auffallen, gilt grundsätzlich das Prinzip: *Korrektur am Ursprung*. Was heißt das? Entdeckte Fehler sollten grundsätzlich in dem Modul, in dem sie verursacht wurden, korrigiert werden. Wurden z. B. aus dem Modul SD heraus falsche Beträge oder falsche Merkmale übergeben, sollte der falsche SD-Beleg storniert und neu erstellt werden. Im CO-PA werden dann der Stornobeleg und der neue Beleg übernommen, und alles ist wieder in Ordnung. Was aber, wenn die Korrektur am Ursprung nicht mehr möglich ist? Die Kundenfaktura ist schon raus oder der Periodenabschluss ist schon abgeschlossen, bevor der Fehler aufgefallen ist (oder was es für sonstige Gründe geben mag, die eine Korrektur am Ursprung nicht oder nur noch mit großem Aufwand erlauben). Dann kann es eine Möglichkeit sein, die Einzelposten direkt im CO-PA zu korrigieren.

Jetzt werden einige von Ihnen sicherlich aufschreien und sagen, dann kann ich ja alle Zahlen im CO-PA darstellen, so wie es mir gefällt! Theoretisch wäre es vielleicht möglich, praktisch meiner Meinung nach nicht, wenn Sie einige Sicherungsmaßnahmen im Rahmen von Customizing-Einstellungen beherzigen:

Grundsätzlich hat die SAP im Rahmen des CO-PA eine Datenkonsistenz vorgesehen: In einem produktiven System ist es nicht mehr erlaubt, gebuchte Istdateneinzelposten der Ergebnisrechnung zu löschen! Im Rahmen von Produktivstartvorbereitungen besteht auf aggregierter Ebene noch die Möglichkeit, aber spätestens mit Produktivstart ist das vorbei.

Sie können grundsätzlich im CO-PA Daten erfassen, niemals aber ändern oder löschen! Auch nicht ändern? Wie soll ich denn dann Korrekturen im CO-PA durchführen? Sie können lediglich durch die Datenerfassung im CO-PA Korrekturen im CO-PA erstellen!

5.5.1 Fehlertypen und ihre Korrektur

Welche Fehler können denn eigentlich im CO-PA entstehen? Es gibt zwei Arten von Fehlern:

1. Falsche Merkmale oder Merkmalsableitungen

2. Falsche Datenübergabe oder falsche Bewertungen

Betrachten wir zunächst den **Fehlertyp 1: Merkmale oder Merkmalsableitungen sind falsch**. Falsch! Was für ein unschönes Wort. Manchmal wurden Merkmalsausprägungen abgeleitet, als sie zum Zeitpunkt der Ableitung noch »aktuell« waren, zum jetzigen Zeitpunkt erscheinen sie aber veraltet und falsch. Auch hier muss grundsätzlich unterschieden werden, ob wirklich zum Zeitpunkt der Übergabe und Ableitung ein Fehler passierte oder ob es sich um eine andere temporäre Sichtweise handelt.

Ich bin kein Freund davon, Merkmalsableitungen, die einmal gültig waren, im Nachhinein vielleicht für die Periode, in der sie einmal gültig waren, zu korrigieren. Was meine ich? Dies lässt sich am besten am Beispiel der Kundenhierarchien erläutern: Bei der Fakturaerstellung galt für einen Kunden die Zuordnung zur Kundenhierarchie KH1. Irgendwann wurde der Kunde an eine andere Kundenhierarchie KH2 verkauft. Zur Beurteilung der Kundenhierarchie KH2 kann es aus Managementgründen vielleicht sinnvoll sein, die ursprüngliche Merkmalsableitung des Kunden für die damalige Faktura auf KH2 zu ändern, damit z. B. für die Planung diese Daten so zur Verfügung stehen. Aber wenn wir das machen würden, würde bei der Frage, wie viel Umsatz ich denn mit der Kundenhierarchie KH1 in der Periode, in der die Faktura erzeugt wurde, gemacht habe, eine falsche Information gemeldet. Daher sollten Sie darauf achten, dass Sie in Ihrem ERP-System derartige rückwärtige Zuordnungsänderungen nicht durchführen. In Ihrem Managementinformationssystem, das Sie eventuell an das SAP-System angedockt haben, können Sie so etwas vielleicht machen, aber bitte nicht in Ihrem ERP-System.

Zurück zum Fehlertyp 1: Wurden Merkmale oder Merkmalsableitungen im CO-PA übernommen, die zum Zeitpunkt der Übernahme in der Realität anders und auch nicht mehr am Ursprung korrigierbar sind, sind sie per Datenerfassung im CO-PA zu korrigieren. Mit der Transaktion KE21 (oder KE21N) können im CO-PA Isteinzelposten direkt erfasst werden. Zur Korrektur müssen Sie zwei Datensätze erzeugen: Der erste Datensatz enthält *alle* im Ursprungsbeleg mitgegebenen Merkmalsausprägungen. Alle mitgegebenen Werte, die in den Wertfeldern stehen, werden mit umgekehrten Vorzeichen erfasst (dies ist das gleiche Ergebnis, als ob Sie am Ursprung den Beleg storniert hätten). Der zweite

Datensatz enthält die neuen und korrekten Merkmalsausprägungen sowie alle Werte in den Wertfeldern, die im Ursprungsbeleg ebenfalls erzeugt wurden.

Fehlertyp 2: Falsche Daten wurden übergeben. Wenn diese Daten auch für andere Module wichtig sind, werden Sie um eine Korrektur am Ursprung wahrscheinlich nicht herumkommen oder müssten die Korrektur in eben diesen Modulen vornehmen. Nehmen wir jetzt aber mal an, eine Bewertung Ihrer kalkulatorischen CO-PA-Daten war nicht korrekt, dann könnten Sie mithilfe der direkten Datenerfassung im CO-PA (Transaktion KE21 oder KE21N) diesen Schiefstand korrigieren: Sie erfassen zu den gleichen Merkmalsausprägungen, die Sie im Ursprung mitgegeben haben, das Delta zu dem korrekten Wert eines Wertfeldes, die restlichen Wertfelder füllen Sie mit Null auf. Hört sich komplizierter an, als es ist: Sie haben in einem Einzelposten 10 € Skonto erfasst, es hätten aber 12 € sein müssen: Dann erfassen Sie einfach zu den gleichen Merkmalsausprägungen wie im Ursprungsbeleg im Wertfeld Skonto einen Deltabetrag von 2 €, die restlichen Mengen- und Wertfelder bleiben unberücksichtigt, werden beim Buchen dieses Einzelpostens mit Null gefüllt.

Bei einer Kombination von Fehlertyp 1 und 2 müssen Sie die beiden Korrekturwege kombinatorisch anwenden, d. h. einerseits Fehler aus falschen Merkmalswerten korrigieren, dann falsche Werte korrigieren.

5.5.2 Sicherungsmaßnahmen

Im Rahmen des Informationssystems des CO-PA können Sie auch Einzelpostenlayouts definieren. Sie sollten immer im Anschluss an eine im CO-PA direkt erfasste Einzelpostenkorrektur mithilfe des Auslesens Ihrer Einzelposten und dem zugehörigen Einzelpostenlayout prüfen, ob alles richtig erfasst wurde. So sollte die Summe der Wertfelder der Korrektureinzelposten in Summe Null betragen, wenn Sie Fehlertyp 1 bearbeitet haben.

Ich empfehle Ihnen ferner, wenn Sie Isteinzelpostenkorrekturen direkt im CO-PA durchführen wollen, dafür eine eigendefinierte Vorgangsart festzulegen und zu verwenden. Eine neue Vorgangsart können Sie im Customizing der Ergebnisrechnung gemäß Abbildung 5.35 anlegen.

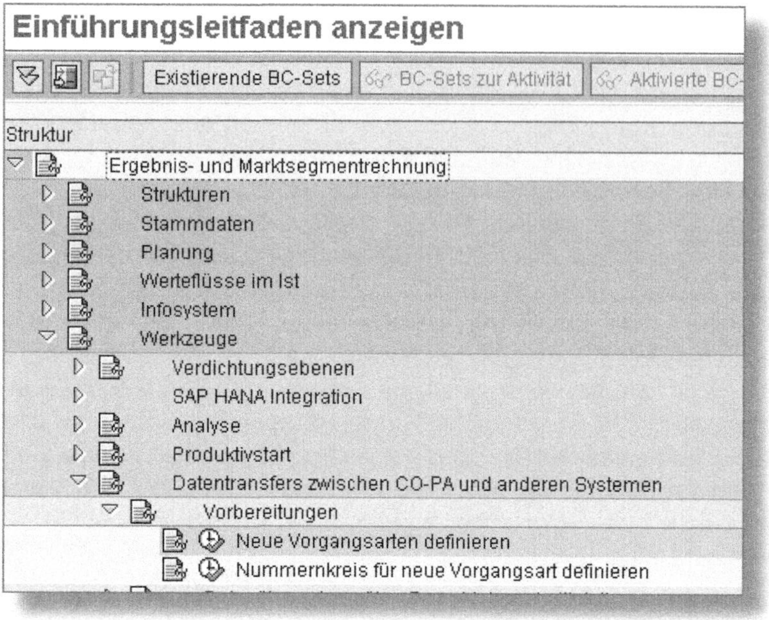

Abbildung 5.35: Definition eigener Vorgangsarten im CO-PA

Eigendefinierte Vorgangsarten können eine Ziffer zwischen 0 und 9 haben, Buchstaben bleiben in der Hoheit von SAP. Dann haben Sie immer die Möglichkeit, bei Auswertungen exakt darstellen zu können, was Sie geändert haben. Im Bedarfsfall können Sie Ihrem Wirtschaftsprüfer genau all das zeigen, was geändert wurde – auf Knopfdruck!

5.5.3 Vereinfachungen bei der Einzelpostenkorrektur

Werden Fehler im CO-PA entdeckt, ist es meistens nicht damit getan, einige wenige Datensätze zu erfassen. Oft betrifft es, je nachdem wie groß die Ursprungsbelege sind und wie lange ein Fehler unentdeckt blieb, bis zu einige hundert Datensätze. Wenn Sie nun jemanden in

Ihrem Unternehmen dazu verdonnern, die Datensätze wie oben beschrieben zu korrigieren, machen Sie diese Person unglücklich.

Massenhafte Korrekturen sollten Sie z. B. über ein Batch-Input-Programm korrigieren. Sie sollten sich Einzelpostenlayouts definieren, die es ermöglichen, all Ihre Merkmale und Wertfelder hintereinander darzustellen. Wie Sie Einzelpostenlayouts definieren, erkläre ich Ihnen in Abschnitt 7.4. Oft reicht ein Layout dazu nicht aus, Sie sollten bei den Layouts als Führungsspalte die CO-PA-Belegnummer verwenden. Fehlerhafte Belege lesen Sie im CO-PA aus (Transaktion KE24) und machen für jedes Layout einen Download nach Excel. Theoretisch müssten Sie die Layouts in Excel per SVERWEIS über die Belegnummer miteinander verknüpfen, aber normalerweise sind die Downloads schon richtig geordnet und sortiert (sollten Sie aber sicherheitshalber prüfen).

Nun sollten Sie sich von Ihrem Berater, Entwickler oder Kollegen, der Batch-Input-Programme mithilfe von ABAP programmieren kann, ein solches zur Transaktion KE21 schreiben lassen. Die Merkmale und Wertfelder sollten in ihrer Ausprägung und Datenlänge im Vorfeld genau definiert sein. Die Excel-Spalten Ihrer heruntergeladenen Daten bereiten Sie entsprechend auf und pflegen die erzeugten Datensätze mithilfe Ihres Programmes in CO-PA maschinell ein.

In diesem Kapitel habe ich Ihnen erklärt, wie Istwerte und -mengen in die Ergebnisrechnung gelangen. Im nächsten Kapitel sehen wir uns an, wie das mit Planwerten und -mengen funktioniert.

6 Planung im CO-PA

Auch in diesem Kapitel will ich dem Titel des Buches »Schnelleinstieg in das CO-PA« treu bleiben und Ihnen nur die wichtigsten Planungsmöglichkeiten und -werkzeuge aufzeigen, die das CO-PA bietet.

Im CO-PA werden schon, seitdem ich es kenne, Planungsfunktionalitäten angeboten. In den neueren SAP-Releases müssen Sie im Vorfeld Ihrer Planung festlegen, was Sie planen wollen. Sie müssen einen Planungseinstieg einrichten, zu planende Merkmale auswählen, mit denen Sie planen wollen, zugehörige Planungspakete anlegen, um Ihre Aufgabenbereiche zu definieren. Damit geben Sie den Verantwortlichen, die planen sollen, den entsprechenden Rahmen vor, in dem sie dies tun sollen. Ferner legen Sie noch genau die Planungsmethoden fest, die diese Planer einsetzen dürfen. All dies definieren Sie im Customizing, d. h. Sie nehmen diese Einstellungen im Testsystem vor, transportieren sie weiter in ein Qualitätssicherungssystem, bevor Sie alles in Ihr Produktivsystem transportieren. Änderungen, und sei es nur in einzelnen Merkmalsausprägungen, sind customizingabhängig und damit wieder zu transportieren!

Jetzt werden Sie sich fragen: Hört sich eigentlich kompliziert an – was hat das mit einem Schnelleinstieg bzw. einer komfortablen Art zu tun, im CO-PA zu planen? Grundsätzlich ist die beschriebene Vorgehensweise richtig und sinnvoll für große Unternehmen, bei denen sehr viele Personen am Planungsprozess mitwirken sollen. Aber was ist, wenn Sie in einem nicht so großen Unternehmen arbeiten, das nur wenige Controller hat, die im CO-PA planen sollen, Sie für die Planung nur einen sehr begrenzten Zeitraum haben und trotzdem schnell und effizient Änderungswünsche des Managements in die Planung einbauen müssen? Die Planungsphase ist meistens eine Knetphase, d. h., eine Planung wird unter bestimmten Voraussetzungen erstellt. Danach werden immer wieder einige Stellschrauben verändert, bis ein gewünschtes oder praktikables Ergebnis erreicht ist. In dieser Phase ist schnelles Planen wichtig, das Management hat in der Regel nicht so viel Zeit, Tage oder Wochen auf Planänderungen zu warten.

Genau für diesen Fall werde ich Ihnen im Folgenden die Planung im CO-PA beschreiben. Dabei gehen wir davon aus, dass wir die Planung für das nächste Jahr erstellen wollen, und zwar nicht nur eine Absatzmengenplanung, sondern eine Planung bis hinunter zum Deckungsbeitrag. Wir werden ferner diese Planung nicht nur auf einer hohen aggregierten Ebene durchführen (wie z. B. Buchungskreis oder Vertriebsbereich), sondern wir planen jeden einzelnen Ihrer Kunden mit den Artikeln, von denen Sie glauben, dass Ihre Kunden diese im nächsten Jahr kaufen werden! Sämtliche kunden- und artikelabhängigen Merkmale werden ferner mitgeplant! Individuelle Monatsverteilungen werden ebenfalls berücksichtigt. Wir gehen dabei von einem gesamten Planungsprozess von ca. 4 Wochen aus.

Wie soll das denn alles in kurzer Zeit funktionieren? Inklusive Knetphase? Lassen Sie sich überraschen ...

6.1 Wie kann ich einen Planungsprozess verkürzen, ohne Qualitätsverluste in Kauf nehmen zu müssen?

Oft werden Sie von Ihrem Management im Vorfeld informiert, dass Sie für die Planung nur wenige Wochen Zeit haben, die Ergebnisse der Planung (hier ist nicht das Planergebnis gemeint, das das Management für das nächste Jahr erzielen will, sondern die Qualität Ihrer Arbeit) aber mindestens wie im Vorjahr, am besten sogar besser als letztes Jahr ausfallen sollen.

Wie könnten Sie denn den Planungsprozess verkürzen? Grundsätzlich würden Sie doch für die zu planenden Perioden Absatzmengen erfassen, diese mit Preisen, Konditionen und Kostensätzen bewerten, nachsehen, was herauskommt, um dann in einem oft wiederkehrenden Prozess die Stellschrauben wie Absatzmengen, Preise, Konditionen oder Kostensätze zu verändern, bis ein gewünschtes oder praktikables Ergebnis herauskommt. Da kann man doch gar nichts verkürzen? Doch, kann man!

6.1.1 Planaufwandverkürzungstipp 1

Oft interessiert das Management zunächst das mögliche Planjahresergebnis. Wie sich das Ergebnis auf die einzelnen Monate des Planjahres verteilt, ist erst einmal egal. Das ist der erste Ansatz, den Sie wählen, um Ihren Planungsprozess zu verkürzen: Sie planen Ihre ganze Jahresplanung in nur einer Planperiode, also einem Planmonat. Auf Monate verteilen können Sie später immer noch!

6.1.2 Planaufwandverkürzungstipp 2

Es macht sehr viel Arbeit, die ganzen Planpreise, Plankonditionen und Plankostensätze in das System einzugeben, mit denen die Planabsatzmengen bewertet werden sollen. Viele machen diese Arbeit schon, bevor das Management den Startschuss zur Planung gibt – speziell dann, wenn die Planung auf Merkmalen wie Kunde oder Artikel erfolgen soll! Warum verwenden Sie nicht die Preise, Konditionen und Kostensätze, die schon im System sind, nämlich die Istpreise, -konditionen und -kostensätze, die aktuell gelten? Dann müssten Sie nur noch die Planabsatzmengen eingeben, diese mit den Istpreisen bewerten, und schon haben Sie ein erstes Ergebnis! Danach können Sie gezielt dort, wo die Absatzmengen noch nicht passen, oder wo Sie höhere Preise, Konditionen oder Kosten sehen (oder befürchten), die bisherige Planung verändern, und zwar so lange, bis das Wunschergebnis des Vorstands erscheint!

6.1.3 Planaufwandverkürzungstipp 3

Auch bei der Erfassung der Planabsatzmengen können Sie Zeit sparen! Normalerweise wird Ihr Vertrieb oder Ihr Key-Account-Management die Planmengen planen. Sie werden von Ihnen, falls Sie der zuständige Vertriebscontroller sind, Vergangenheitswerte früherer Verkäufe einfordern, um ggfs. die jeweiligen Key Accounts produktgruppengenau (idealerweise artikelgenau) absatzmengentechnisch zu planen. Wie Sie diese Vergangenheitswerte zur Verfügung stellen, bleibt Ihnen überlassen. In vielen Unternehmen wird dazu Microsoft Excel eingesetzt, andere verwenden vielleicht auch diverse Managementinformationssysteme, CRM-Systeme etc. Gehen wir im Weiteren davon aus, Sie verwenden Microsoft Excel und bekommen die Daten per Microsoft Excel von Ihren Vertriebskollegen wieder zurück. Dann würde ich, wenn ich Sie wäre, mir anhand der Vergangenheitswerte (z. B. das vergangene Rolljahr) die Absatzmengen kunden- und artikelgenau nach Excel herunterladen und weitere Merkmale wie Key Account oder Produktgruppe ebenfalls mit übertragen. Über eine Pivottabelle (Controller wissen, was ich meine) stellen Sie pro Kundenhierarchie und Produktgruppe die Absatzmengen auf Ebene Kunde/Artikel zusammen. Nun ordnen Sie per »SVERWEIS« die geplanten Mengen Ihrer Kollegen zu.

Über ein im CO-PA definiertes manuelles Planungslayout spielen Sie die Planmengen idealerweise über ein Batch-Input-Programm kunden- und artikelgenau ein. Durch die Merkmalsableitungen für Kunden und Artikel, die sie eingerichtet haben, werden alle zugehörigen Merkmale abgeleitet, Sie sehen also alle Planmengen auf allen möglichen Merkmalen!

Den letzten Planungstipp will ich mit einem kleinen Zahlenbeispiel besser erklären:

Sie bekommen von Ihren Key-Account-Managern die Planmengen, die Sie in Tabelle 6.1 sehen:

KH-Eb1	Produktart	Plan-Menge		KH-Eb1	Produktart	Plan-Menge
KH11	PA1	140 St.		KH12	PA1	30 St.
	PA2	50 St.			PA2	30 St.

Tabelle 6.1: Beispiel für Absatzplanmengen

Aus dem Rolljahr (z. B. Periode 10 des Vorjahres bis Periode 09 des laufenden Jahres) heraus haben Sie aus den Istdaten die Mengen heruntergeladen, die in Tabelle 6.2 dargestellt sind:

KH-Eb.1	Produktart	Kunde	Artikel	Ist-Menge
KH11	PA1	K1	A1	10
KH11	PA1	K1	A5	15
KH11	PA2	K1	A3	20
KH12	PA2	K2	A2	10
KH12	PA1	K2	A4	5
KH11	PA1	K3	A1	30
KH11	PA1	K3	A5	25
KH12	PA1	K4	A1	10
KH12	PA1	K4	A4	25
KH11	PA2	K5	A2	40
KH11	PA2	K5	A3	5
KH11	PA2	K6	A3	10
KH11	PA2	K6	A2	15

Tabelle 6.2: Istdaten des rollierenden Geschäftsjahres

Als Pivottabelle entspricht dies den Werten, die Sie in Tabelle 6.3 erkennen können.

KH-Eb1	Produktart	Ist-Menge		KH-Eb1	Produktart	Ist-Menge
KH11	PA1	80 St.		KH12	PA1	40 St.
	PA2	90 St.			PA2	10 St.

Tabelle 6.3: Pivottabelle zu den Istdaten des rollierenden Geschäftsjahres

Wir wollen also gemäß Tabelle 6.1 insgesamt 250 Stück planen. Diese Planmenge soll gemäß dem Rolljahr anteilig auf die entsprechenden Kunden und Artikel verteilt werden. Dies können Sie einfach mithilfe des Dreisatzes ausrechnen. Demnach ergeben sich anteilsmäßig gemäß Rolljahr die folgenden Planmengen (siehe Tabelle 6.4) auf Ebene Kunde/Artikel (rechnen Sie ruhig nach).

Kunde	Artikel	Plan-Menge
K1	A1	17
K1	A5	26
K1	A3	11
K2	A2	30
K2	A4	4
K3	A1	53
K3	A5	44
K4	A1	8
K4	A4	18
K5	A2	22
K5	A3	3
K6	A3	6
K6	A2	8

Tabelle 6.4: Anteilige Planung aufgrund der Istdaten

6.2 Schnelljahresplanung im Detail

Ich werde Ihnen zunächst die weitere Vorgehensweise beschreiben, bevor ich Ihnen ab Abschnitt 6.5 die technischen Details dazu verrate.

6.2.1 Erfassung der Jahresplanmengen

Die Planaufwandverkürzungstipps hören sich toll an, aber wie funktionieren sie im Detail? Gemäß Planaufwandverkürzungstipp 3 spielen Sie die errechneten Planabsatzmengen über die Transaktion KE11 in ein vorab erstelltes manuelles Planungslayout ein, und zwar gemäß Planaufwandverkürzungstipp 1 in eine Planperiode, z. B. 010.20LJ (LJ steht für laufendes Jahr) mit der Planversion XYJ (Jahresplanversion), die Sie ebenfalls im Vorfeld angelegt haben. Das Batch-Input-Programm spielt pro Kunden-/Artikelkombination die Planmenge ein und sichert jede Eingabe als einen Planeinzelposten im CO-PA. Wie Sie in Kapitel 3 bereits gelernt haben, werden alle Merkmalsableitungen, die Sie definiert haben, ebenfalls jetzt durchgeführt. Die Planmengen sind nun auch auf abgeleiteten Merkmalen wie Kundenhierarchien, Produkthierarchien oder wie im Beispiel auf Kundengruppe, Vertreter, Produktart und Produktgruppe sichtbar. Beispielsweise finden Sie auf dem Merkmal Vertreter »V1« alle geplanten Mengen der Kunden 1, 2, 4 und 6, also insgesamt 139 Stück.

6.2.2 Bewertung der Planabsatzmengen

Nun widmen wir Planaufwandverkürzungstipp 2 einige Aufmerksamkeit: Wir bewerten die erfassten Planabsatzmengen mit den Istpreisen und -konditionen, die bereits in Ihrem SAP-System hinterlegt sind. Die Planabsatzmengen stehen in Planversion XYJ in der Planperiode 010.20LJ. Da Sie sich im laufenden Jahr befinden, ist die Wahrscheinlichkeit hoch, dass alle erforderlichen Preise und Konditionen vorhanden sind. Denn von der Logik her machen wir nun nichts anderes, als ob wir all Ihre Planmengen fakturieren! In Erinnerung an Abschnitt 4.1.2. legen Sie eine Bewertungsstrategie an, die Ihr bei der Istfakturierung im SD definiertes Kalkulationsschema beinhaltet. Ferner bauen Sie, wie schon im Ist, eine Bewertung Ihrer aktuellen Materialkalkulation hinzu. Diese Bewertungsstrategie ordnen Sie den Bewertungszeitpunkten 03 (manuelle Planung) und 04 (maschinelle Planung) jeweils in Kombination mit Ihrer Planversion XYJ zu. Mithilfe der alten CO-PA-Plantransaktion KE1B (Maschinelle Planung ändern), die Gott sei Dank noch in den neuen SAP-Releases Gültigkeit hat, können Sie nun Ihre erfassten Planabsatzmengen komplett bewerten. Sie haben in nur wenigen Schritten Ihre Planabsatzmengen bewertet, und zwar gemäß unserer Beispieldeckungsbeitragsstruktur bis hinunter zum Deckungsbeitrag 1. Die Bewertungen sind ebenfalls auf allen abgeleiteten Merkmalen sichtbar.

Konditionsarten, die keine Merkmale sind

Im SD wird für jede Konditionsart, die im SD-Kalkulationsschema hinterlegt wird, mithilfe von Zugriffsfolgen der gültige Konditionssatz gefunden. Was passiert aber, wenn in den Zugriffsfolgen Felder zur Konditionssatzfindung verwendet werden, die nicht gleichzeitig

> Merkmale in Ihrem Ergebnisbereich sind? Dann wird der Konditionssatz zur Bewertung Ihrer Planabsatzmengen nicht gefunden!

Der interessierte Leser fragt sich jetzt sicher, warum wird uns diese ganze »Schnellplanung« erzählt, wenn wir nicht sicher sein können, dass gemäß obigem Hinweis bei der Planbewertung alle gültigen Konditionssätze gefunden werden? Auch hier hat Ihnen die SAP eine Lösung in Form eines speziellen Plan-User-Exits zur Verfügung gestellt. Mithilfe dieses User-Exits machen Sie Felder, die in den SD-Zugriffsfolgen stehen, aber kein Merkmal in Ihrem Ergebnisbereich sind, dem CO-PA bekannt, sodass CO-PA die gültigen Plankonditionssätze findet.

Sowohl bei der Istauftragserfassung als auch bei der Istfakturierung im SD kann es durchaus häufiger vorkommen, dass manche Istpreise oder Istkonditionssätze auf tiefster Ebene hinterlegt werden, sprich auf der Ebene Kunde/Artikel. Damit Sie bei Ihrer Planbewertung sicher sein können, dass das SAP-System alle möglichen und gültigen Konditionssätze gefunden hat, müssen Sie die Planbewertung auf dieser tiefsten Ebene anstoßen. Aber das ist, wie ich Ihnen am Beispiel noch zeigen werde, mit der Transaktion KE1B kein Problem.

6.2.3 Knetphase

Sobald Sie Ihrem Management ein erstes Planergebnis präsentiert haben, beginnt die Phase des Knetens, in der Mengen, Preise, Konditionen, Kostensätze oder vielleicht auch Innovationen oder Produktveränderungen diskutiert werden. Einige Unternehmen speichern sich, damit sie die Veränderungen in ihrer Knetphase sichtbar machen können, den jeweiligen Planungsstand in einer eigenen Planversion ab, bevor sie Änderungen einbauen. Dabei hilft Ihnen u. a. die alte CO-PA-Plantransaktion KE1A (Maschinelle Plandaten kopieren), mit deren Hilfe Sie eine ganze Planung oder Teile davon kopieren können.

Kommen wir zurück zur Knetphase: Wenn nun das Management beispielsweise von Ihnen fordert, Ihre gesamte Absatzmengenplanung um x % zu erhöhen, brauchen Sie nicht in Panik zu verfallen. Sie können dazu das angebotene Werkzeug der *Umwertungsreihe* verwenden. Umwertungsreihen definieren Sie mit der (alten und neuen) Transaktion KE1F. In einer Umwertungsreihe legen Sie fest, welches Mengen- oder Wertfeld Sie um x % verändern wollen. Bei der maschinellen Planung über KE1B geben Sie ferner an, für welche Merkmale (oder sogar welche Merkmalsausprägungen) Sie diese Planänderung durchführen wollen, und los geht`s. Sie können, wenn Sie das wollen, Planänderungen auf hoch aggregierter Ebene durchführen (dabei werden alle darunter liegenden Merkmale mitberücksichtigt), oder Sie führen die Änderungen auf einem einzelnen Merkmal wie z. B. Kunde oder Artikel durch. Das hängt ganz von den Managementanforderungen ab.

Sie können jetzt so verfahren, dass Sie die umgewerteten Mengen gemäß Ihrer Bewertungsstrategie neu bewerten, und schon haben Sie in kurzer Zeit ein neues Planergebnis, das Sie Ihrem Management präsentieren.

Bei Änderungen der Planabsatzmengen können Sie aber genauso einen mathematischen Effekt nutzen: Verändern Sie Ihre Planmenge um x %, so werden sich, sofern Sie nicht gleichzeitig Preise und Konditionen ändern, die absatzmengenabhängigen Wertfelder um x % ändern. Das heißt für Ihre Planung: Sie könnten schon bei der Definition Ihrer Umwertungsreihe diesen Effekt berücksichtigen, indem Sie in Ihrer Umwertungsreihe neben dem Mengenfeld auch alle absatzmengenabhängigen Wertfelder einbeziehen und allen Feldern jeweils den Faktor x % zuordnen. Dann können Sie in einem Schritt in der maschinellen Planung nicht nur die Planabsatzmenge um x % erhöhen, sondern auch alle davon abhängige Wertfelder. Und schon ist ein neues Planergebnis fertig.

Bei Änderungen von Preisen oder Konditionen ist es etwas diffiziler, aber eigentlich ist das Prinzip ähnlich: Wenn Sie z. B. Preiserhöhungen planen, werten Sie entsprechend das Wertfeld »Bruttoumsatz« um. Jetzt werden vielleicht einige von Ihnen sagen: Was passiert denn mit den Wertfeldern, die z. B. prozentmäßig abhängig vom Bruttoumsatz sind, die müssen doch ebenfalls angepasst werden? Da haben Sie wieder vollkommen Recht. Wenn diese Anpassung aufgrund der Komplexität oder anderer Gründe nicht ausgerechnet werden kann, müssen wir wieder zu einem Trick greifen: Sie kopieren im SD das bisher in der Bewertungsstrategie verwendete Ist-SD-Kalkulationsschema in ein neues Kalkulationsschema, das Sie nur für Ihre Planbewertung benutzen wollen (stimmen Sie sich vorher sicherheitshalber mit Ihren SD-Kollegen ab, damit es nicht zum Streit kommt!). In Ihr eigenes Kalkulationsschema bauen Sie eigene, statistische Konditionsarten ein, die z. B. die Bruttopreiserhöhung beinhalten. Dieses neue Kalkulationsschema hängen Sie wieder in Ihre Bewertungsstrategie und bewerten Ihre Planmengen mithilfe von KE1B neu.

Bei manchen vom Management geforderten Planänderungen hilft Ihnen das beste System nicht weiter, wenn Sie sich nicht im Vorfeld einige Gedanken gemacht und Vorarbeiten geleistet haben. Innovationen bedürfen z. B. neuer Artikelnummern, neuer Produktkalkulationen (mit den entsprechenden Voraussetzungen Stückliste und Arbeitsplan), neuer Preise und neuer Konditionen. Sie alle werden voraussichtlich noch nicht in Periode 010.20LJ verfügbar sein, also müssen sie angelegt werden!

Irgendwann ist das Management mit Ihrer Absatzmengenplanung und den daraus resultierenden Bewertungen zufrieden und die Knetphase ist für Sie erst einmal abgeschlossen.

6.3 Plankostenstellenumlagen

Bisher wurden in Ihrem Planungsprozess von der Absatzmenge unabhängige Plankosten nicht betrachtet. Derartige Plankosten werden in der Regel zunächst in anderen CO-Modulen wie der Kostenstellenrechnung oder der Innenauftragsrechnung geplant. Diese Planung kann und wird wahrscheinlich parallel zu Ihrer Knetphase durchgeführt. Irgendwann sind auch diese fixen Kosten geplant. Sie werden dann mithilfe eines Plan-Umlagezyklus in die Ergebnisrechnung umgelegt. Das Prinzip ist analog der in Abschnitt 5.4 beschriebenen Istkostenumlagen.

6.4 Monatsverteilung

Nach diesen vielen Ausführungen zur Planung sagen Sie jetzt vielleicht zu Recht: Das ist zwar alles ganz gut und schön, aber die ganze Planung für das nächste Jahr steht im Moment in einem Monat gesamt, und zwar im laufenden Jahr in der Periode 010.20LJ. Wir planen nun mal das komplette nächste Jahr, also brauche ich auch Plandaten für die Monate 001 bis 012 des nächsten Jahres, z. B. 001.20PJ bis 012:20PJ (PJ = Planjahr). Wie kriege ich das denn dahin?

Normalerweise benutzen Sie dazu Verteilungsschlüssel, mit denen Sie monatsgenau die Verteilung vorgeben. Aber Vorsicht: Wenn Sie im CO-PA mithilfe von Verteilungsschlüsseln Plandaten erzeugen wollen, muss der Zeitraum, der zu planen ist, mit dem Zeitraum in dem Verteilungsschlüssel übereinstimmen! Was meint der denn jetzt schon wieder? Wir haben bisher unsere Planung in einer Periode: 010.20LJ und wollen sie auf die Monate 001.20PJ bis 012.20PJ verteilen. Die beiden Zeiträume passen nicht übereinander. Im Sender steht eine Periode, im Empfänger 12 Perioden. Somit können wir an dieser Stelle Verteilungsschlüssel vergessen!

Wie können wir jetzt dennoch unser Dilemma lösen? Auch hier habe ich einen Tipp für Sie (ein bisschen ist das wie ein Schuss durchs Knie ins Auge): Sie benutzen die alte CO-PA-Plan-Transaktion KE1A (Maschinelle Planung kopieren). Gleichzeitig arbeiten Sie mit Umwertungsreihen (kennen Sie schon: Transaktion KE1F). Sie kopieren nun Ihre Planung aus Planversion XYJ, Periode 010.20GJ in die Planversion XYM, Periode 001.20PJ. Nehmen wir mal an, Ihr Management möchte im Januar 10 % Ihrer Jahresplanung dort sehen. Also definieren Sie eine Umwertungsreihe -90 % für Januar für alle geplanten Mengen- und Wertfelder, die Sie gleichzeitig bei der Plankopie durchlaufen lassen: Und schon stehen im Januar nur 10 % Ihrer Planung. Diese Schritte wiederholen Sie für Ihre anderen elf Planperioden, und schon haben Sie Ihre Jahresplanung auf Planmonate verteilt!

Ach, ist ja einfach! Was ist denn, wenn die Vorgaben des Managements nicht so einfach sind? Oft sind derartige Vorgaben, je kleiner ein Unternehmen ist, komplizierter und damit schwieriger! Dann müssen die Umwertungsreihen oder auch die Plankopien auf tiefere Merkmale heruntergebrochen werden! Das soll schnell gehen? Wenn ich schlimmstenfalls jede Kunden-/Artikelkombination individuell verteilen soll, bin ich noch am Verteilen, wenn das Planjahr schon rum ist ... Hier gilt wiederum: keine Panik! Es gibt immer mehrere Wege, die nach Rom führen. Bereiten Sie mithilfe von z. B. Microsoft Excel die Planungsschritte vor, schreiben Sie sich zur Transaktion KE1A ein Batch-Input-Programm und lassen Sie sich die Verteilungen dadurch automatisch anlegen. Sie sind damit schneller fertig als Sie denken.

Vielleicht haben Sie in Ihrem Unternehmen jemanden, der Batch Input kann. Sie können selbst mit dem dazugehörigen Recorder die Schritte, die Sie sonst für jeden Verteilungsprozess gemacht hätten, aufzeichnen. Diese Aufzeichnung bringen Sie durch Umwandlung in ABAP-Coding in Ihren von Ihrem Kollegen erstellten Batch-Input-Rahmen, und schon könnten Sie das Batch-Input-Programm nutzen.

Egal, ob Sie die Verteilung manuell oder maschinell gemacht haben, am Ende muss in der Planversion mit der Monatsverteilung (hier XYM) dasselbe Ergebnis stehen wie in Ihrer Jahresplanversion XYJ.

Wie Sie sich die ganzen Plandaten ansehen können, erzähle ich Ihnen im Kapitel 7 dieses Buches.

6.5 Planung unseres SAP-Beispiels

Nachdem Sie in den Abschnitten 6.1 bis 6.4 meinen theoretischen Planungsansatz genießen konnten, beschreibe ich Ihnen in diesem Abschnitt technische Details dazu, wie Sie den Planungsansatz umsetzen können. Vielleicht rege ich ja bei dem einen oder anderen Leser die weitere Fantasie an ...

6.5.1 Planversion und Planbewertungsstrategie

Im Folgenden will ich Ihnen am Beispiel zeigen, wie Sie Ihre Jahresplanung durchführen können. Zunächst sind einige Vorbereitungen für die Planung gemäß Abbildung 6.1 vorzunehmen.

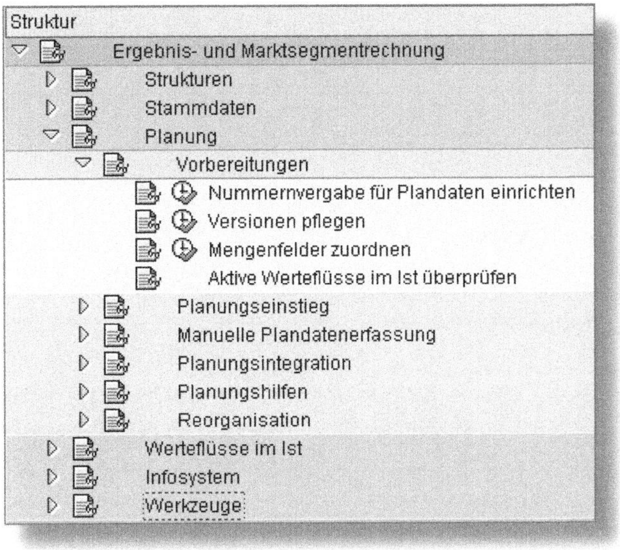

Abbildung 6.1: Einführungsleitfaden CO-PA-Planung

Einerseits müssen Sie Nummernkreise definieren, die Ihre Planeinzelposten bei der Planung erhalten sollen.

Weiterhin müssen Sie eine Planversion definieren. In einer Planversion können Sie in der Regel eine gesamte Planung hinterlegen. Verwenden Sie mehrere Planversionen, können Sie mehrere Pläne miteinander vergleichen.

Für unser Beispiel verwenden wir Planversion Z01 (siehe Abbildung 6.2).

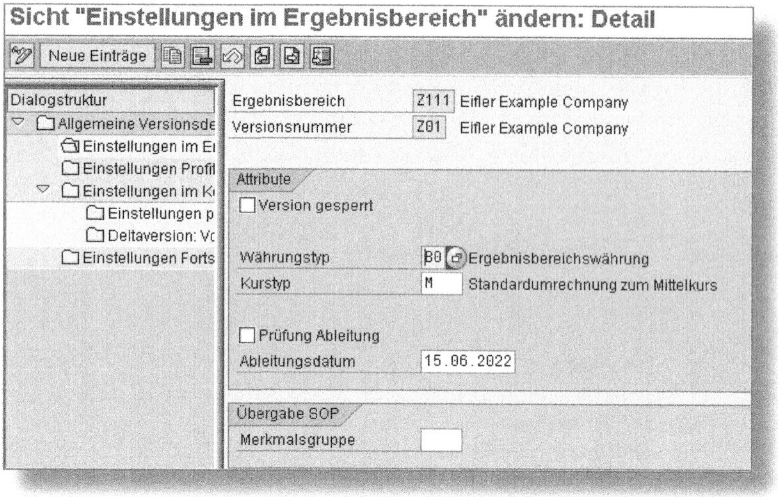

Abbildung 6.2: Planversion Z01

Das darin enthaltene ABLEITUNGSDATUM ist wichtig. Es bestimmt, zu welchem Datum weitere Merkmale in Ihrer Planung abgeleitet werden. Im Beispiel werden Merkmale wie die Kundenhierarchie zum 15.06.2022 abgeleitet, selbst wenn Sie Plandaten z. B. in Periode Juli 2022 erfassen!

Bevor Sie nun in dieser Planversion die ersten Plandaten erfassen, sollten Sie für Ihre Planung eine Planbewertungsstrategie definieren (siehe Abbildung 6.3), die Sie den Bewertungszeitpunkten 03 und 04 in Verbindung mit Vorgangsart F zuordnen (siehe Abbildung 6.3). Was eine Bewertungsstrategie ist, habe ich Ihnen bereits ausführlich im Kapitel 4 »Bewertung« dieses Buches erläutert.

Wenn wir uns die Planbewertungsstrategie in Abbildung 6.3 genauer ansehen, sehen wir in Schritt 10 in der Spalte KALKULATIONSSCHEMA, dass wir auf unser Ist-SD-Kalkulationsschema »ZEIF01« zugreifen wollen, anschließend wird in Schritt 20 die Materialkalkulation durchlaufen und schließlich User-Exit U02, der wie im Ist in der Planung die normierte Absatzmenge errechnen wird. Details können Sie sich ruhig nochmal im Kapitel 4 »Bewertung« anschauen.

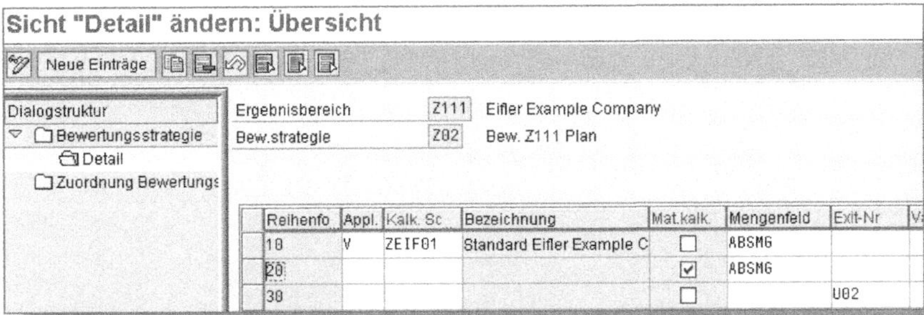

Abbildung 6.3: Planbewertungsstrategie

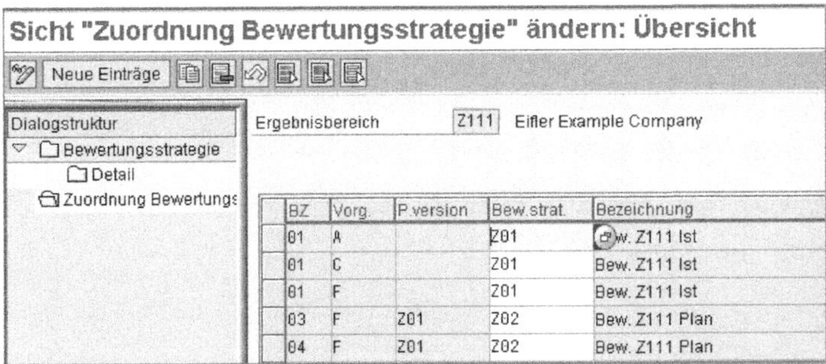

Abbildung 6.4: Zuordnung Planbewertungsstrategie

6.5.2 User-Exit zur Planbewertung

Sie arbeiten im gleichen Projekt wie in Abschnitt 4.1.3 beschrieben. Sie verwenden ebenfalls die Komponente COPA0002. In dieser Komponente klicken Sie doppelt auf EXIT_SAPL_KEAB_002 und gelangen zum Include ZXKKEU04. Dieser User-Exit ist für Ihre Planbewertung von SAP vorgesehen. Dort können Sie nun Ihr Coding einbauen (siehe Abbildung 6.5).

```
Include     ZXKKEU04     aktiv

*&---------------------------------------------------------------------*
*&  Include           ZXKKEU04
*&---------------------------------------------------------------------*
data: item_z111 like ce1z111.

case erkrs.
  when 'Z111'.
    item_z111 = ep_source.
    case exit_nr.
      when 'U02'.

        clear marm.
        select single * from marm
          where matnr = item_z111-artnr
          and meinh = 'KG'.
        if sy-subrc = 0.
          item_z111-vvamg = marm-umren / marm-umrez * item_z111-absmg.
        endif.
    endcase.
    ep_target = item_z111.
endcase.
```

Abbildung 6.5: Plan-User-Exit

6.5.3 Manuelles Planungslayout

Um nun einerseits die Planmengen auf Ebene Kunde/Artikel gemäß Abschnitt 6.1.3 erfassen zu können und andererseits aber auch ein Tool zur Verfügung zu haben, mit dem Sie Ihre Merkmalsableitung und Bewertung kurzfristig prüfen können, legen Sie sich ein manuelles Planungslayout an. Ein *Planungslayout* ist eine individuell gestaltete Planungsmaske, die Sie zur manuellen Erfassung von Plandaten verwenden können. Das Planungslayout soll zum Bewertungszeitpunkt 03 (Manuelle Planung) in Kombination mit Vorgangsart F und Planversion Z01 durchlaufen werden.

Ein manuelles Planungslayout legen Sie über den Einführungsleitfaden des CO-PA unter PLANUNG • MANUELLE Plandatenerfassung • PLANUNGSLAYOUT DEFINIEREN an. Im Beispiel habe ich das Layout »Planung DB« angelegt. Unser Planungslayout sehen Sie in Abbildung 6.6. Ähnlich wie bei Report-Painter-Berichten hat auch dieses Layout drei wesentliche Bestandteile: Zeilen (Details siehe Abbildung 6.7 und Abbildung 6.8), Spalten (Details in Abbildung 6.9) und Allgemeine Selektionen (Details in Abbildung 6.10).

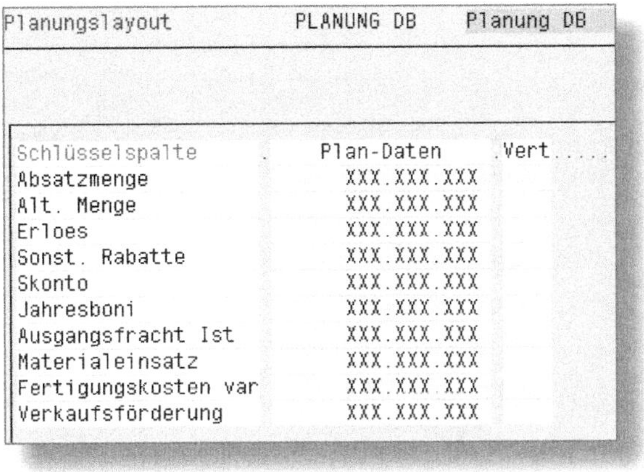

Abbildung 6.6: Planungslayout Planung DB

Als Zeilen verwenden Sie Ihre Wertfelder. Sie definieren eine Zeile, indem Sie einen Doppelklick auf einen Punkt in der Schlüsselspalte (zeigt eine fehlende Zeile im Planungslayout an) machen. Nun können Sie als Elementetyp WERTFELD MIT MERKMALEN auswählen (siehe Abbildung 6.7).

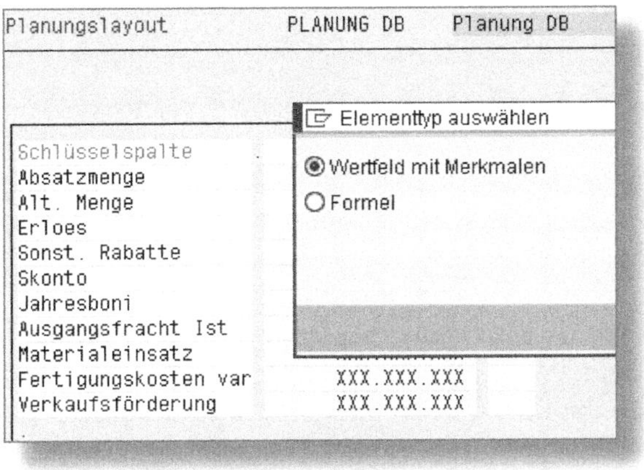

Abbildung 6.7: Definition Zeilen

Danach wählen Sie das entsprechende Wertfeld aus und grenzen ggf. noch weitere Merkmale ein (Eingrenzen heißt hier: über Merkmale selektieren!). In unserem Layout haben wir für die Zeilen aber nur Wertfelder ausgewählt und in den Zeilen keine weiteren Merkmale eingegrenzt (siehe Abbildung 6.8).

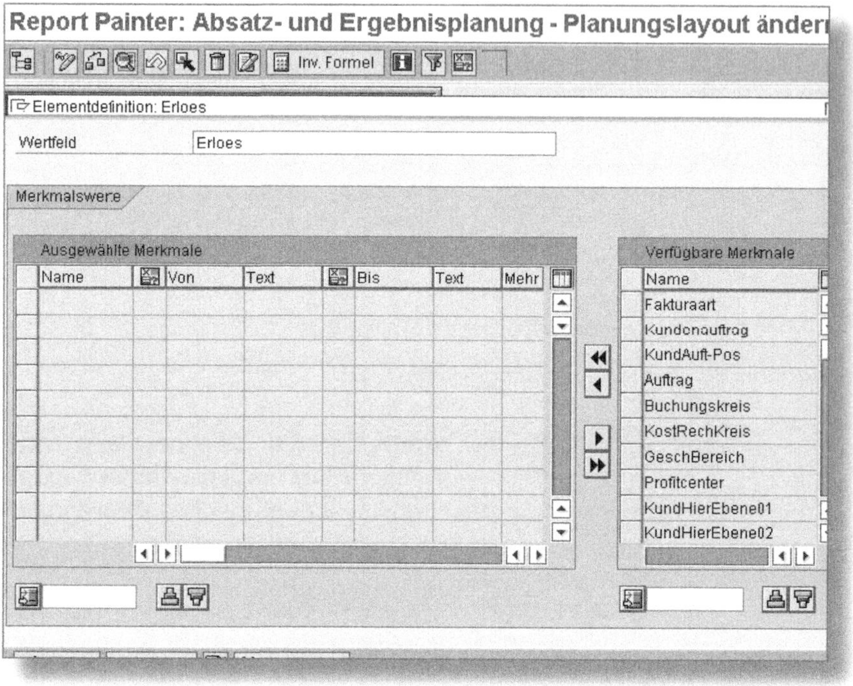

Abbildung 6.8: Definition Zeile Erlös

Die Spalte »Plan-Daten« definieren Sie durch einen Doppelklick auf die gepunktete Linie und wählen die Merkmale aus, die für diese Spalte gelten sollen (gemäß Abbildung 6.9).

In unserem Beispiel haben wir über die Merkmale »Plan-Istkennzeichen«, »Vorgangsart« und »Version« eingegrenzt. Die Spalte in dem Planungslayout soll nur Plandaten zur Vorgangsart »F« in Kombination der Planversion »Z01« aufnehmen.

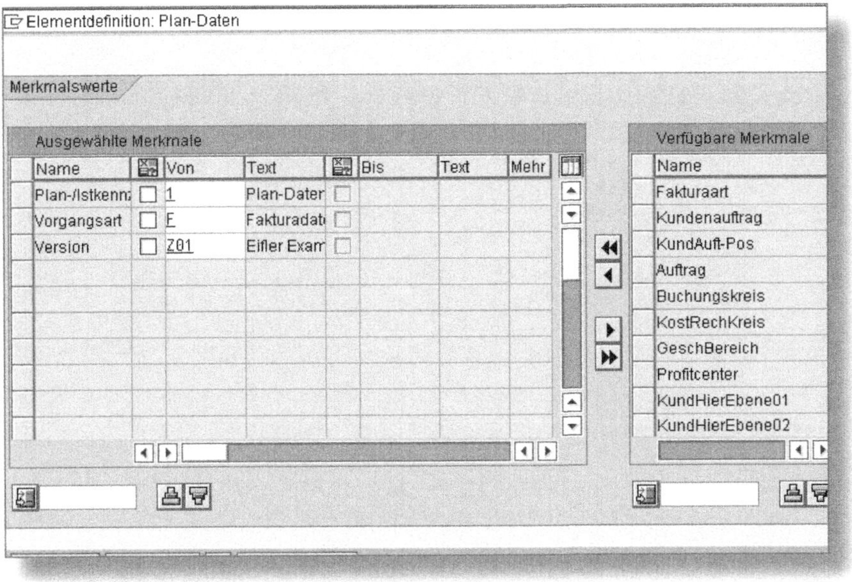

Abbildung 6.9: Definition Planspalte

Damit CO-PA weiß, wie Sie Ihre Planwerte über ggf. mehrere Perioden verteilen wollen, müssen Sie bereits bei der Definition der Planspalte im Planungslayout eine Verteilungsspalte definieren.

Die Verteilungsspalte hängen Sie über BEARBEITEN • SPALTEN • ZUSATZFELDER ANHÄNGEN durch Ankreuzen des Feldes VERTEILUNGSSCHLÜSSEL an, das Ihnen von SAP angeboten wird, wenn Sie obigen Pfad beschreiten. Anhand dieser Spalte können Sie bei der Erfassung der Planwerte dann sagen, ob Sie gleichmäßig oder anders auf die Perioden verteilen wollen.

Bei der Definition des Planungslayouts können Sie über den Pfad BEARBEITEN • ALLGEMEINE SELEKTION • ALLGEMEINE SELEKTION die *allgemeine Selektion* gemäß Abbildung 6.10 definieren: Sie legt die Merkmale fest, die Sie sehen, wenn Sie Ihr Planungslayout aufrufen und in den ersten Selektionsbildschirm gelangen.

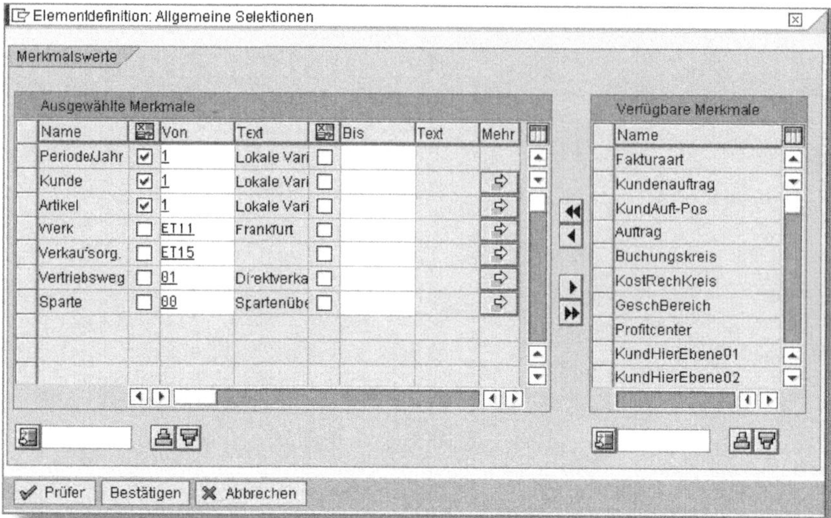

Abbildung 6.10: Planungslayout Allgemeine Selektion

Wir wollen in dem Selektionsbildschirm die Variablen Periode/Jahr, Kunde und Artikel auswählen können. Da für alle Planwerte die möglichen Merkmalsausprägungen für Werk (ET11), Verkaufsorganisation (ET15), Vertriebsweg (01) und Sparte (00) immer gleich sind, können sie in der Allgemeinen Selektion schon fix hinterlegt werden. Das Ergebnis der Allgemeinen Selektion sehen wir, wenn wir über die Transaktion KE11 in das Planungslayout einsteigen und den Selektionsbildschirm erreichen (siehe Abbildung 6.11). Dann sichern Sie Ihr Planungslayout.

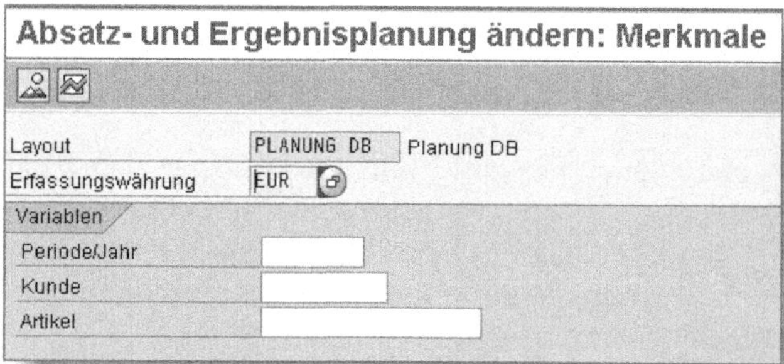

Abbildung 6.11: Selektionsbildschirm der KE11 für unser Planungslayout

Mit der Transaktion KE11 können Sie nun in dem Layout Plandaten erfassen. Sie müssen jetzt lediglich die Planperiode, einen Kunden und einen Artikel für die Selektion auswählen (siehe Abbildung 6.12).

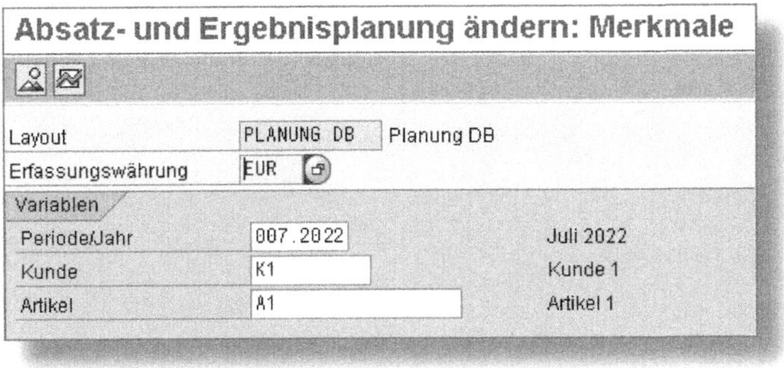

Abbildung 6.12: Selektion manuelle Planung

Gemäß Abschnitt 6.1.3 sollen bei dem Kunden K1 17 Stück von A1 geplant werden (siehe Abbildung 6.18).

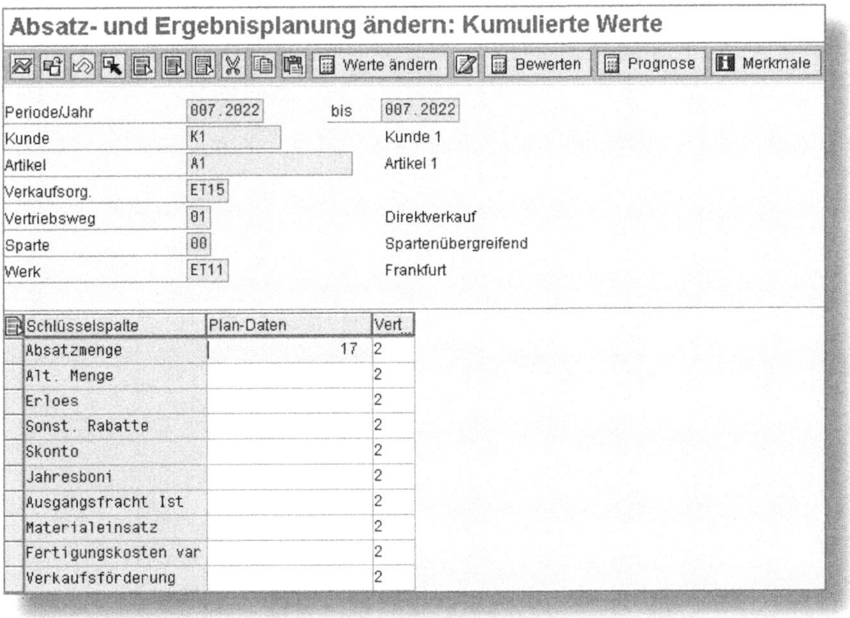

Abbildung 6.13: Manuelle Planung Absatzmenge

Nun prüfen Sie die Merkmalsableitung durch Drücken auf den Button MERKMALE. Das Ergebnis zeigen Abbildung 6.14 und Abbildung 6.15.

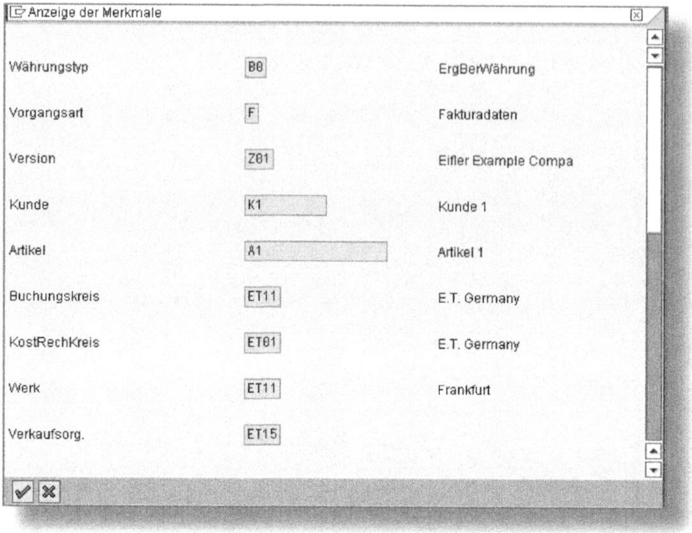

Abbildung 6.14: Merkmalsableitung zur Planung I

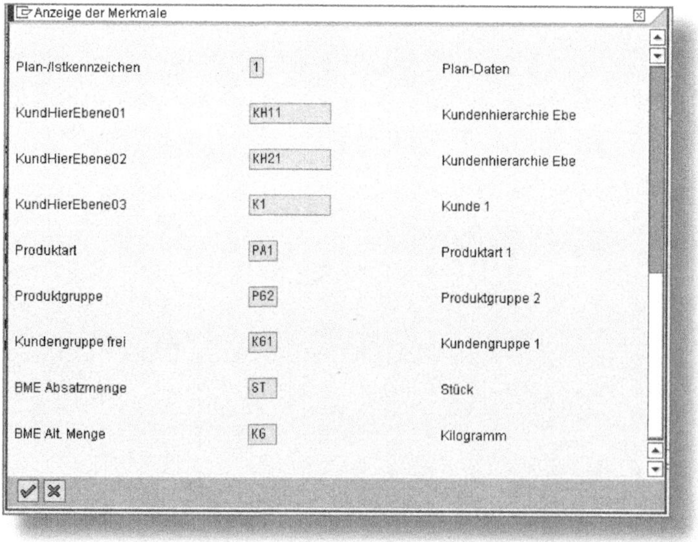

Abbildung 6.15: Merkmalsableitung zur Planung II

Sie sehen, dass alle in Kapitel 3 beschriebenen Merkmalsableitungen auch bei der Planung durchlaufen wurden! Nun wollen wir mal schauen, ob wir bei der Planbewertung ebenso viel Glück haben. Sie drücken in Ihrem Planungslayout auf den Button BEWERTEN. Danach erscheint folgendes Bild (siehe Abbildung 6.16):

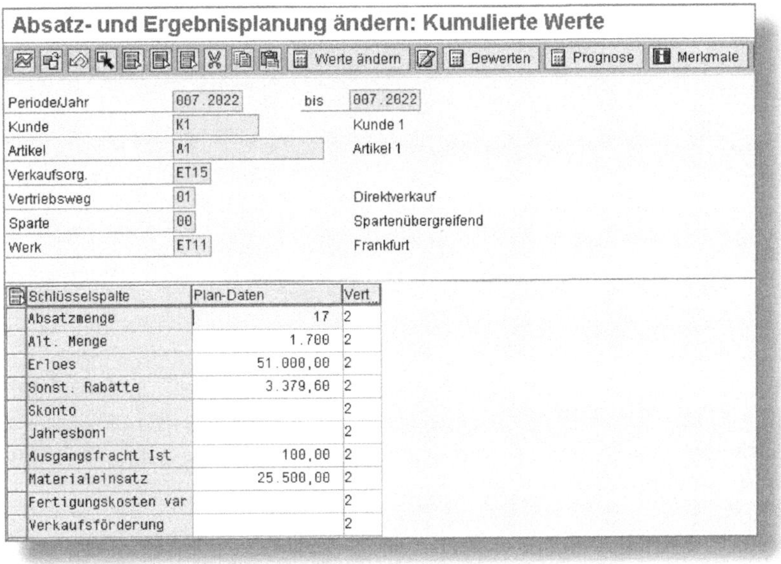

Abbildung 6.16: Planergebnis

Dieses Planergebnis erfreut uns. Wir sehen, dass die normierte Menge über den User-Exit gefunden wurde, ferner wurde CO-PC für den Materialeinsatz durchlaufen. Die Erlöse, die Rabatte und die Fracht wurden über die Istkonditionen der Konditionsarten des Ist-SD-Kalkulationsschemas ZEIF01 gefunden!

Falls Sie einmal nicht mit dem Planergebnis einverstanden sind, können Sie über den Pfad ZUSÄTZE • BEWERTUNGSANALYSE den ersten Bewertungsschritt durch Drücken des Buttons ANALYSE näher betrachten.

! Fehlende Merkmale

Es kann durchaus passieren, dass in den Zugriffsfolgen des SD (eine Zugriffsfolge im SD legt fest, wie das SAP-System einen Konditionssatz findet) Felder vorkommen, die nicht als CO-PA-Merkmale in Ihrem Ergebnisbereich angelegt sind. Diese müssen Sie dann dem CO-PA erst bekannt machen!

Wichtig ist, dass die Istkonditionen des SD zum Ersten des Monats erfasst sein müssen, für den Sie Ihre Plandaten erfassen wollen!

6.5.4 User-Exit ZXKKEU14

Es kann vorkommen, dass in den Ist-Zugriffsfolgen des SD Felder verwendet werden, die nicht Merkmal Ihres Ergebnisbereichs sind. Dann können Sie in dem User-Exit ZXKKEU14 der Komponenten COPA0002 diese Felder dem CO-PA bekannt machen, sodass auch bei der Planbewertung die Istkonditionen gefunden werden.

6.5.5 Maschinelle Planung

Wenn Sie Ihre Planabsatzmengen über KE11 jeweils einzeln oder vielleicht mithilfe eines Batch-Input-Programmes erfasst haben und Sie dabei nicht jedes Mal auf den Button BEWERTEN drücken wollen, können Sie die Bewertung alternativ über die maschinelle Planung durchführen.

Vorab prüfen wir erst, ob die Planmengen gemäß Planvorgabe richtig erfasst wurden. Dies können Sie zum Beispiel mithilfe eines CO-PA-Berichts prüfen (Näheres zu CO-PA-Berichten lesen Sie bitte in Kapitel 7 dieses Buches nach) – siehe Abbildung 6.17.

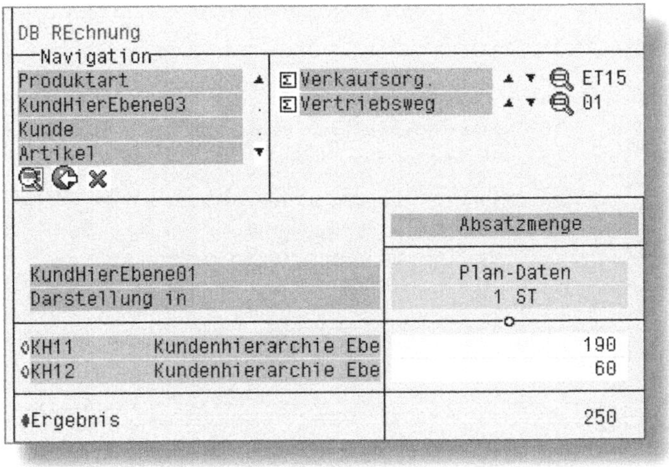

Abbildung 6.17: Prüfung Planmenge auf Kundenhierarchieebene 1

In CO-PA-Berichten können Sie durch Doppelklick auf ein Merkmal auf das darunterliegende Merkmal springen. Das nennt man *Drill-Down*. Nun machen wir einen Drill-Down-Schritt auf die Produktart (siehe Abbildung 6.18 und Abbildung 6.19).

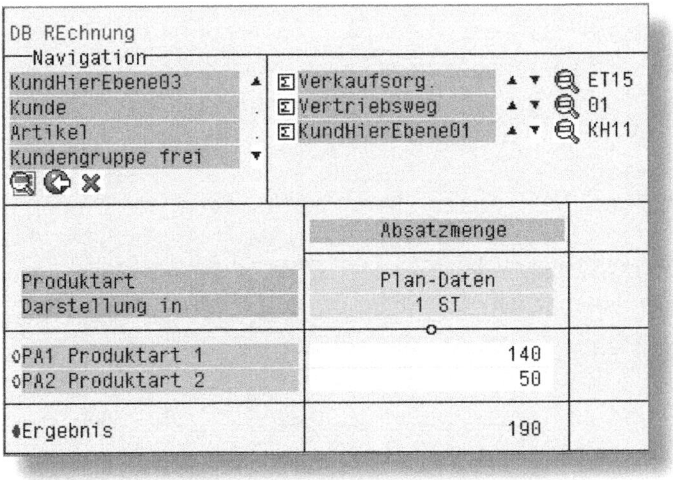

Abbildung 6.18: Planmenge KH11 mit Produktarten

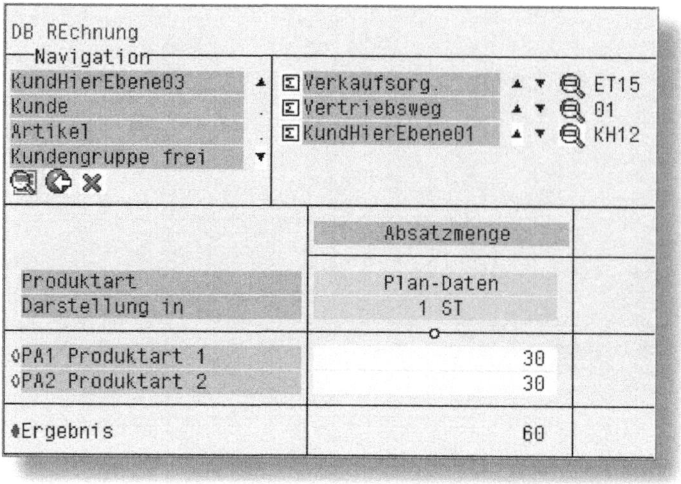

Abbildung 6.19: Planmenge KH12 mit Produktarten

Sie können daran erkennen, dass, obwohl Sie die Planmengen über die Transaktion KE11 nur auf Ebene Kunde/Artikel eingegeben haben, weitere Merkmale wie Kundenhierarchieebene 1 und Produktart abgeleitet wurden und Sie die Vorgaben Ihrer Key-Account-Manager 1:1 umgesetzt haben!

Nun wollen wir die Planmengen maschinell bewerten. Dazu nutzen wir die alte Transaktion KE1B! Sie gelangen in folgenden Bildschirm (siehe Abbildung 6.20).

Das Testlaufkennzeichen können Sie entfernen, wenn Sie Plandaten buchen wollen. Die maschinelle Planung (Bewertungszeitpunkt 04) soll in Periode 007.2022, in Planversion Z01 und zur Vorgangsart F stattfinden (erinnern Sie sich noch an die Zuordnung Ihrer Bewertungsstrategie in Abschnitt 6.5.1?).

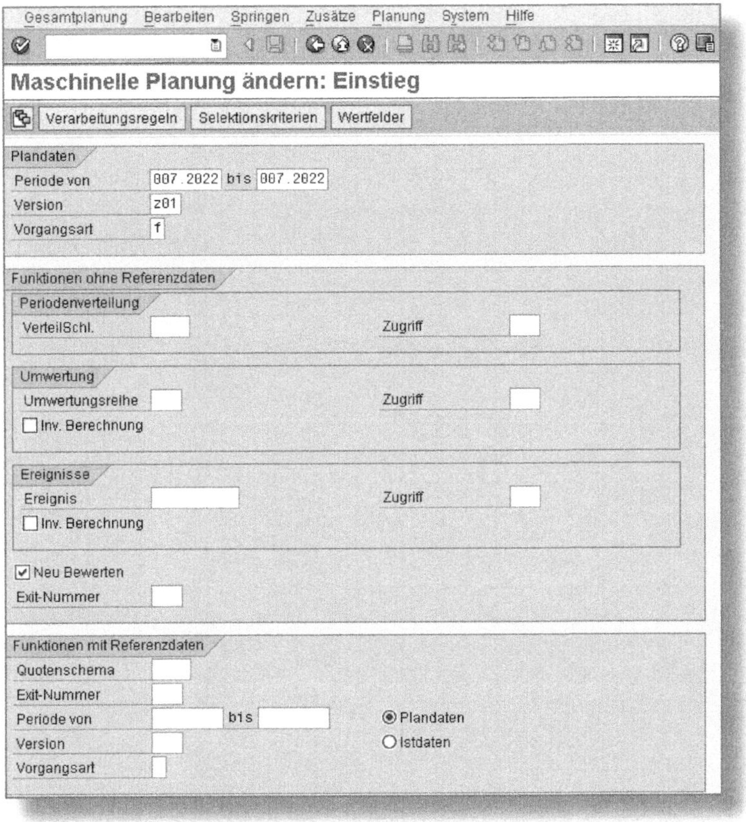

Abbildung 6.20: Einstiegsbild Transaktion KE1B

Wichtig ist, den Parameter NEU BEWERTEN anzukreuzen, sonst passiert nichts! Nun drücken Sie auf VERARBEITUNGSREGELN. All Ihre Merkmale Ihres Ergebnisbereichs erscheinen! Sie müssen für jedes Merkmal entscheiden, ob Sie das Merkmal übernehmen oder verdichten wollen. Verdichten bedeutet, dass die Daten unterschiedlicher Merkmalswerte aggregiert werden. Falls eine Ableitung existiert, wird das Merkmal neu abgeleitet. Mit ÜBERNEHMEN werden die Werte des Merkmals direkt übernommen.

Wenn Sie für ein Merkmal in den Selektionskriterien Eingaben machen möchten, sollten Sie dieses Merkmal übernehmen, ansonsten können Sie verdichten. Eine mögliche Verarbeitungsregelvariante könnte aussehen wie in Abbildung 6.21 dargestellt.

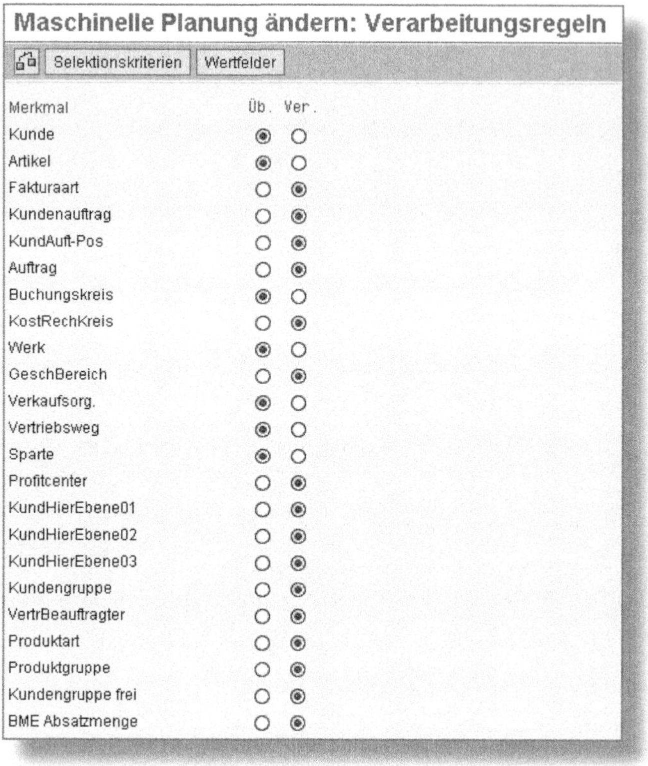

Abbildung 6.21: Verarbeitungsregeln bei der maschinellen Planung

Nun drücken Sie auf den Button SELEKTIONSKRITERIEN. Hier wählen Sie nun konkret aus, was Sie planen wollen. Sie können ganz tief eingrenzen (also auf der tiefsten Ebene einer Kunden-/Artikelkombination) oder Sie wollen gleich all Ihre Planmengen bewerten (Abbildung 6.22 stellt dafür die Mindestangaben dar).

Schließlich drücken Sie auf WERTFELDER. In diesem Bildschirm legen Sie die Wertfelder fest, die Sie gleich planen wollen. Sinnvoll ist es, die

Wertfelder anzukreuzen, die Sie über Ihre Bewertungsstrategie bewerten wollen (siehe Abbildung 6.23).

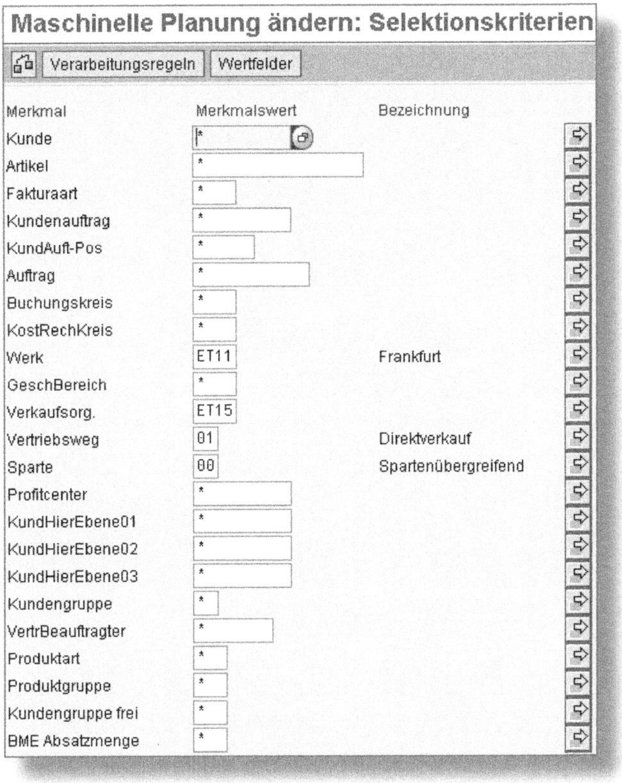

Abbildung 6.22: Selektionskriterien der maschinellen Planung

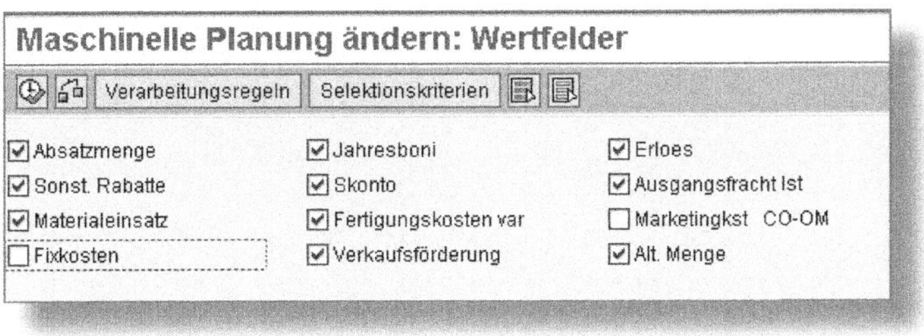

Abbildung 6.23: Festlegung der Wertfelder bei der maschinellen Planung

> **Variante sichern**
>
> Bevor Sie ausführen, sollten Sie alles als Variante sichern. Dann brauchen Sie beim nächsten Aufruf der Transaktion KE1B nur die Variante laden – und schon stehen Ihnen die Verarbeitungsregeln, Selektionskriterien und Wertfelder wieder zur Verfügung!

Nun prüfen, dann ausführen. Sie erhalten danach hoffentlich folgendes Protokoll (siehe Abbildung 6.24).

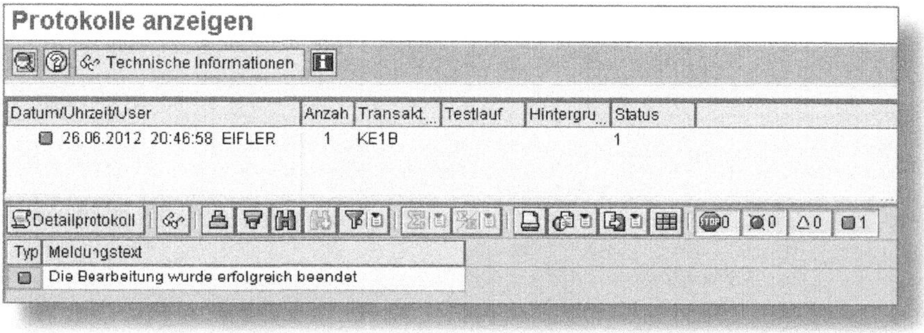

Abbildung 6.24: Protokoll des maschinellen Planungslaufs

Jetzt wissen Sie, dass der maschinelle Planungslauf irgendwie erfolgreich war – aber haben Sie überhaupt das gewünschte Planergebnis? Das Planergebnis können Sie sich nun z. B. über einen CO-PA-Report ansehen (siehe Abbildung 6.25).

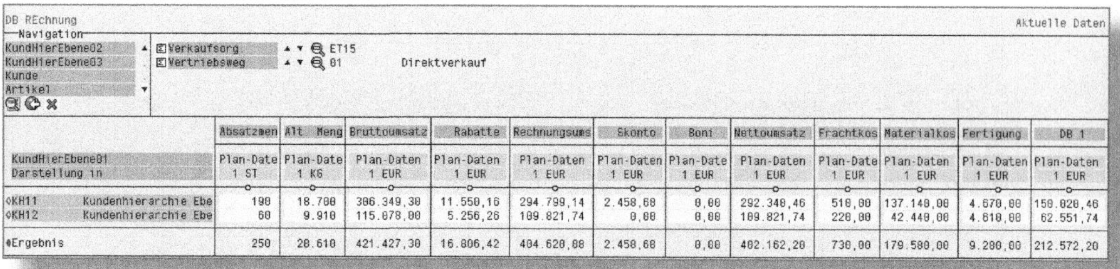

Abbildung 6.25: Planergebnis bis zum DB1

Haben Sie gesehen, wie schnell wir ein erstes Planergebnis bis zum DB1 erzeugt haben? Es ist auf allen möglichen Merkmalen darstellbar (siehe Abbildung 6.26 bis Abbildung 6.28, die einen Drill-Down zeigen):

chnung
igation
ierEbene03 | Verkaufsorg. ET15
| Vertriebsweg 01 Direktverkauf
el | KundHierEbene01 KH11 Kundenhierarchie Ebe
ngruppe frei

uktart / stellung in	Absatzmen Plan-Date 1 ST	Alt. Meng Plan-Date 1 KG	Bruttoumsat Plan-Daten 1 EUR	Rabatte Plan-Daten 1 EUR	Rechnungsum Plan-Daten 1 EUR	Skonto Plan-Daten 1 EUR	Boni Plan-Date 1 EUR	Nettoumsatz Plan-Daten 1 EUR	Frachtkos Plan-Date 1 EUR	Materialkos Plan-Daten 1 EUR	Fertigung Plan-Date 1 EUR	DB 1 Plan-Daten 1 EUR
Produktart 1	140	7.700	210.349,30	9.756,16	200.593,14	1.528,51	0,00	199.064,63	300,00	105.140,00	70,00	93.554,63
Produktart 2	50	11.000	96.000,00	1.794,00	94.206,00	930,17	0,00	93.275,83	210,00	32.000,00	4.600,00	56.465,83
ebnis	190	18.700	306.349,30	11.550,16	294.799,14	2.458,68	0,00	292.340,46	510,00	137.140,00	4.670,00	150.020,46

Abbildung 6.26: Drill-Down von Kundenhierarchie I auf Produktart

Echnung
igation
el | Verkaufsorg. ET15
engruppe frei | Vertriebsweg 01 Direktverkauf
enauftrag | KundHierEbene01 KH11 Kundenhierarchie Ebe
angsart | Produktart PA1 Produktart 1
Aktuelle Daten

de / stellung in	Absatzmen Plan-Date 1 ST	Alt. Meng Plan-Date 1 KG	Bruttoumsatz Plan-Daten 1 EUR	Rabatte Plan-Daten 1 EUR	Rechnungsums Plan-Daten 1 EUR	Skonto Plan-Daten 1 EUR	Boni Plan-Date 1 EUR	Nettoumsatz Plan-Daten 1 EUR	Frachtkos Plan-Date 1 EUR	Materialkos Plan-Daten 1 EUR	Fertigung Plan-Daten 1 EUR	DB 1 Plan-Daten 1 EUR
Kunde 1	43	1.960	51.129,74	3.387,38	47.742,36	0,00	0,00	47.742,36	200,00	25.552,00	26,00	21.964,36
Kunde 3	97	5.740	159.219,56	6.368,78	152.850,78	1.528,51	0,00	151.322,27	100,00	79.588,00	44,00	71.590,27
ebnis	140	7.700	210.349,30	9.756,16	200.593,14	1.528,51	0,00	199.064,63	300,00	105.140,00	70,00	93.554,63

Abbildung 6.27: Drill-Down von Produktart auf Kunde

Echnung
vigation
engruppe frei | Verkaufsorg. ET15
enauftrag | Vertriebsweg 01 Direktverkauf
angsart | KundHierEbene01 KH11 Kundenhierarchie Ebe
HierEbene02 | Produktart PA1 Produktart 1
HierEbene03 | Kunde K1 Kunde 1
Aktuelle Daten 2

ikel / stellung in	Absatzmen Plan-Date 1 ST	Alt. Meng Plan-Date 1 KG	Bruttoumsat Plan-Daten 1 EUR	Rabatte Plan-Daten 1 EUR	Rechnungsum Plan-Daten 1 EUR	Skonto Plan-Date 1 EUR	Boni Plan-Date 1 EUR	Nettoumsatz Plan-Daten 1 EUR	Frachtkos Plan-Date 1 EUR	Materialkos Plan-Daten 1 EUR	Fertigung Plan-Date 1 EUR	DB 1 Plan-Daten 1 EUR
Artikel 1	17	1.700	51.000,00	3.379,60	47.620,40	0,00	0,00	47.620,40	100,00	25.500,00	0,00	22.020,40
Artikel 5	26	260	129,74	7,78	121,96	0,00	0,00	121,96	100,00	52,00	26,00	56,04-
ebnis	43	1.960	51.129,74	3.387,38	47.742,36	0,00	0,00	47.742,36	200,00	25.552,00	26,00	21.964,36

Abbildung 6.28: Drill-Down von Kunde auf Artikel

Sie können sich natürlich Ihr Planergebnis ebenso auf aggregierter Ebene ansehen (siehe Abbildung 6.29).

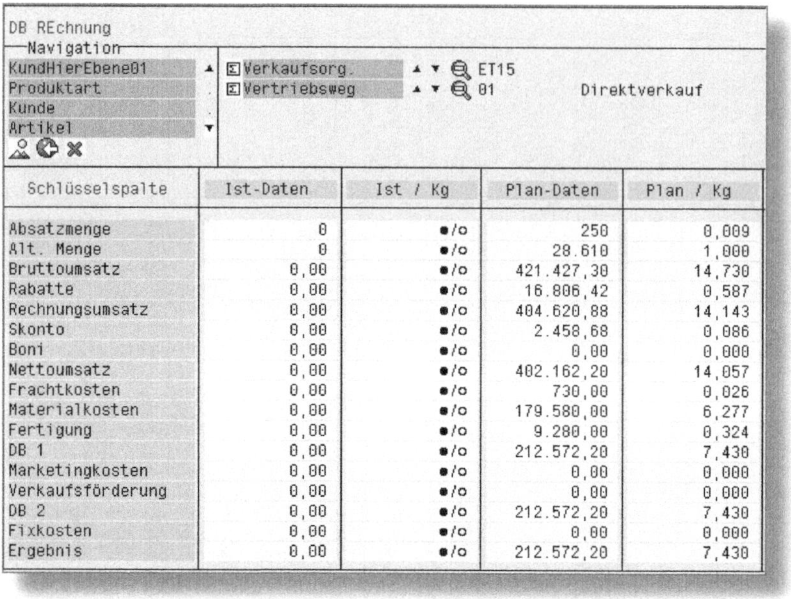

DB REchnung

Navigation: KundHierEbene01, Produktart, Kunde, Artikel

Verkaufsorg. ET15

Vertriebsweg 01 Direktverkauf

Schlüsselspalte	Ist-Daten	Ist / Kg	Plan-Daten	Plan / Kg
Absatzmenge	0	•/o	250	0,009
Alt. Menge	0	•/o	28.610	1,000
Bruttoumsatz	0,00	•/o	421.427,30	14,730
Rabatte	0,00	•/o	16.806,42	0,587
Rechnungsumsatz	0,00	•/o	404.620,88	14,143
Skonto	0,00	•/o	2.458,68	0,086
Boni	0,00	•/o	0,00	0,000
Nettoumsatz	0,00	•/o	402.162,20	14,057
Frachtkosten	0,00	•/o	730,00	0,026
Materialkosten	0,00	•/o	179.580,00	6,277
Fertigung	0,00	•/o	9.280,00	0,324
DB 1	0,00	•/o	212.572,20	7,430
Marketingkosten	0,00	•/o	0,00	0,000
Verkaufsförderung	0,00	•/o	0,00	0,000
DB 2	0,00	•/o	212.572,20	7,430
Fixkosten	0,00	•/o	0,00	0,000
Ergebnis	0,00	•/o	212.572,20	7,430

Abbildung 6.29: Planergebnis auf aggregierter Ebene

Wie Sie sich eigene CO-PA-Berichte anlegen und dann darin Drill-Downs durchführen, erfahren Sie im nächsten Kapitel dieses Buches.

Planung

Den Ablauf der Planung habe ich noch einmal zur Verdeutlichung in einem Video dargestellt. Sie können dieses über *http://video5.copa.espresso-tutorials.de* abrufen.

Sie können nun gezielt Planänderungen (z. B. mit Transaktion KE1B) durchführen oder später, wie in Abschnitt 6.4 beschrieben, mit der Transaktion KE1A die Monatsverteilung durchführen.

☛ Bitte an die SAP

Möge SAP niemals mit neuen Releases die alten Plantransaktionen KE1B oder KE1A aus seinem SAP-ERP-System entfernen! Eine Planung im CO-PA mit den »neuen Plan-Werkzeugen« ist viel umständlicher und dauert länger!

Wenn ich wieder für ein Unternehmen eine Absatz- und Umsatzplanung vornehmen sollte und es gäbe die alten Plantransaktionen nicht mehr, würde ich nicht mehr empfehlen, im CO-PA zu planen!

Als Inhouse-Berater und Controller prüfe ich bei jedem Releasewechsel als Erstes, ob es KE1A und KE1B noch gibt! Erst danach freue ich mich auf das neue Release ...

7 Dynamisches Berichtswesen

Sehr viele Bausteine im SAP-System haben mittlerweile ein eigenes Informationssystem. Darin sind, zumindest in den Standardberichten, Report-Painter- oder Report-Writer-Berichte eingebettet, die die Informationen des jeweiligen Bausteins zur Verfügung stellen.

Ich habe absichtlich nicht nur von den CO-Bausteinen gesprochen. Es gibt z. B. auch in Bausteinen von Logistikmodulen separate Informationssysteme, explizit nenne ich hier nur das Kundenservice- oder das Projektsystemmodul.

Das CO-PA hat ebenfalls ein Informationssystem – aber keine Standardberichte! Das Informationssystem des CO-PA ist dynamisch, es ist jederzeit möglich, eigene Ergebnisberichte zu erzeugen. Warum gibt es keine Standardberichte? Wie Sie im Kapitel 2 dieses Buches gelernt haben, definieren Sie eigene Wertfelder und Merkmale. Sie wollen Ihre individuelle Deckungsbeitragsstruktur abbilden – was wollen Sie also mit vorgegebenen Standards? Sie wollen Ihren Datenbestand nach den von Ihnen definierten Merkmalen auswerten und dadurch ein mehrdimensionales Informationssystem schaffen – woher soll ein Standardbericht genau Ihre Merkmale kennen? Sie definieren also eigene mehrdimensionale Ergebnisberichte, in denen Sie zwischen Detail- oder Aufrisslisten navigieren, aus denen heraus Sie in die CO-PA-Einzelposten und von dort aus in die Ursprungsmodule, in denen die Daten entstanden sind, springen können. Sie können ferner durch alle Merkmale, die Sie Ihrem Ergebnisbericht zugeordnet haben, per Drill-Down-Funktion navigieren: von der obersten Kundenhierarchie über alle weiteren Kundenhierarchieebenen bis zum Kunden. Dabei stehen klassische Funktionen zur interaktiven Bearbeitung zur Verfügung, z. B. Sortiermöglichkeiten, Top-N-Funktionen, ABC-Analysen und vieles mehr. Sie können Plan-Ist-Vergleichsberichte, Geschäftsjahresvergleiche oder individuelle Berichte, die vielleicht nur ein spezielles Wertfeld betrachten, erzeugen. Ferner existiert die Möglichkeit des Downloads Ihrer Daten nach Microsoft Excel oder andere Tabellenkalkulationsprogramme für alle oder ausgewählte Merkmale, die Sie in dem Bericht zugeordnet haben.

Genug der Lobeshymnen auf das Berichtswesen im CO-PA. Das hört sich ja schon fast wie in Werbebroschüren der SAP an. Ich will an dieser Stelle allerdings auch nicht verhehlen, dass die CO-PA-Berichte als reines Managementinformationssystem nur bedingt zu gebrauchen sind. Es gibt viele Unternehmen, die die im CO-PA erzeugten und gesammelten Daten über Schnittstellen in andere Managementinformationssysteme transportieren. Selbst SAP bietet Ihnen mit SAP BW ein solches zusätzliches System an, in dem Sie z. B. mit Management-cockpits etc. Ihr Management nicht nur mit den zur Steuerung des Unternehmens erforderlichen Daten versorgen, sondern z. B. durch einfach zu bedienende grafische Oberflächen zusätzlich verwöhnen. Diese letztgenannte Luxuseigenschaft hat das Informationssystem des CO-PA in nur sehr begrenzter Form (wenn man an die Möglichkeit zur Darstellung von Diagrammen denkt), dafür bietet es aber Controllern, die ernsthaft damit arbeiten wollen, zahlreiche und dynamische Möglichkeiten.

Die Ergebnisberichte, die ich Ihnen im Folgenden beschreibe, sind sogenannte Rechercheberichte. Diese erlauben es Ihnen, zwischen den dargestellten Merkmalen hin- und herzuschalten, nachdem Sie den Bericht ausgeführt haben. Damit sind Rechercheberichte flexibler in der Handhabung als z. B. Report-Painter-Berichte, die Sie vielleicht aus anderen CO-Teilmodulen kennen.

Um überhaupt so weit zu kommen, dass Sie einen Ergebnisbericht anlegen können, sind Bausteine erforderlich, die ein Ergebnisbericht benötigt. Derartige Bausteine werden *Informationsbestandteile* genannt und im nächsten Abschnitt beschrieben.

7.1 Informationssystembestandteile

Wenn Sie Ergebnisberichte im CO-PA anlegen wollen oder besser gesagt müssen, da es, wie im vorherigen Abschnitt beschrieben, keine

Standardberichte im CO-PA gibt, benötigen Sie dazu Berichtsbestandteile, die Sie ebenfalls im Vorfeld anlegen müssen.

Folgende Informationsbestandteile benötigen Sie:

- Rechenschema
- Berichtsvariable
- Ergebnisberichtsformular

Als Erstes empfehle ich Ihnen die Anlage eines Rechenschemas, in dem Sie Ihre Deckungsbeitragsstruktur definieren. Dies erspart Ihnen, in jedem Berichtsformular die Deckungsbeitragsstruktur formelgenau ständig wiederholen zu müssen.

Zweitens empfehle ich Ihnen, für die Merkmale, über die Sie Ihre Daten auswerten und selektieren wollen, eigene Variablen anzulegen. Dadurch kommen Sie in die Lage, bei Berichtsaufrufen Einzelmerkmalsausprägungen oder Intervalle aufzurufen. Wenn Sie diese Variablen zusätzlich als sogenannte *Select-options* definieren, können Sie Einzelmerkmalsausprägungen, Merkmalsausprägungsintervalle oder Mehrfachselektionen für unterschiedliche Merkmalsausprägungen aufrufen, ähnlich wie Sie das aus anderen Selektionsbildschirmen des SAP-Systems kennen.

Als dritten Berichtsbestandteil empfehle ich Ihnen nur noch die Formulare für Ergebnisberichte; hier auch nicht alle Formen, sondern nur die Form der Zwei-Koordinaten(-Matrix)-Struktur.

Ein angelegtes Ergebnisberichtsformular der letztgenannten Form ermöglicht es Ihnen, eine Basis für einen Ergebnisbericht zu legen, in dem die im vorangegangenen Abschnitt genannten Vorzüge zum Tragen kommen. Das Formular ist wie ein Report-Painter-Formular zu sehen, nur dass Sie, anders als in anderen SAP-Informationssystemen, nicht bis auf einzelne klassische Sets (Infoset, Single-Set etc.) springen oder verzweigen. Ihre »Sets« sind die von Ihnen in Ihrem Ergebnisbereich definierten Merkmale und Wertfelder.

Ein CO-PA-Formular besteht aus drei wesentlichen Bestandteilen:

- Zeilen
- Spalten
- Allgemeine Selektion

In den Zeilen hinterlegen Sie Ihre Deckungsbeitragsstruktur, hier können Sie auch auf die Elemente Ihres zuvor angelegten Rechenschemas zugreifen. Als Spalten grenzen Sie z. B. ein, ob Sie Ist- oder Plandaten sehen wollen oder ob Sie nur bestimmte Daten, die über eine bestimmte Vorgangsart (z. B. »A«, dann sehen Sie nur Ihre Kundenauftragseingänge) in das CO-PA eingeflossen sind, darstellen möchten. In der Allgemeinen Selektion können Sie schon die Merkmale, über die Sie in dem späteren Bericht navigieren, hinterlegen. Überall dort, wo Sie sich entscheiden, ein Merkmal mitzugeben, empfiehlt es sich, mit den zuvor definierten Variablen zu arbeiten, sodass Sie das Merkmal erst beim Berichtsaufruf oder auch gar nicht eingrenzen und den Bericht flexibel erzeugen können. In den nächsten Abschnitten werde ich Ihnen anhand unseres Beispiels zeigen, wie Sie die von mir beschriebenen Berichtsbestandteile erstellen.

Wenn Sie speziell für Report-Writer- und Report-Painter-Berichte tiefergehende Informationen wünschen, empfehle ich Ihnen das Buch »Praxishandbuch Report Painter/Report Writer« meiner Verleger Martin Munzel und Jörg Siebert, das im Jahr 2019 bei Espresso Tutorials erschienen ist.

7.2 Beispiel-Customizing von Berichtsbestandteilen

Wie im vorherigen Abschnitt angekündigt, beschreibe ich Ihnen nun die erforderlichen Informationsberichtsbestandteile, die Sie für einen CO-PA-Bericht benötigen.

7.2.1 Rechenschema

Mit einem Rechenschema bilden Sie z. B. Ihre Deckungsbeitragsstruktur ab. Ein Rechenschema dient dazu, häufig verwendete Rechenoperationen zu hinterlegen, um sie immer wieder in Berichten zu verwenden. Die Formeln in einem Rechenschema können sowohl auf Wertfeldern als auch auf bereits definierten Formeln desselben Rechenschemas basieren.

Im Einstellungsmenü der Ergebnisrechnung können Sie über den Pfad INFOSYSTEM • BERICHTSBESTANDTEILE • RECHENSCHEMA DEFINIEREN ein Rechenschema anlegen. Ich habe das Rechenschema Z1 beispielhaft für unsere abzubildende Deckungsbeitragsrechnung angelegt (siehe Abbildung 7.1).

Abbildung 7.1: Definition Rechenschema gemäß Beispiel-DB-Struktur

In Abbildung 7.1 sehen Sie also in den Elementen 50 bis 900 selbst definierte Formeln, die bestimmte Kennzahlen enthalten.

Für jedes Element definieren Sie nun eine Grundformel. Grundformeln definieren Sie, indem Sie ein Element markieren und dann auf den Button GRUNDFORMEL klicken (siehe Abbildung 7.2).

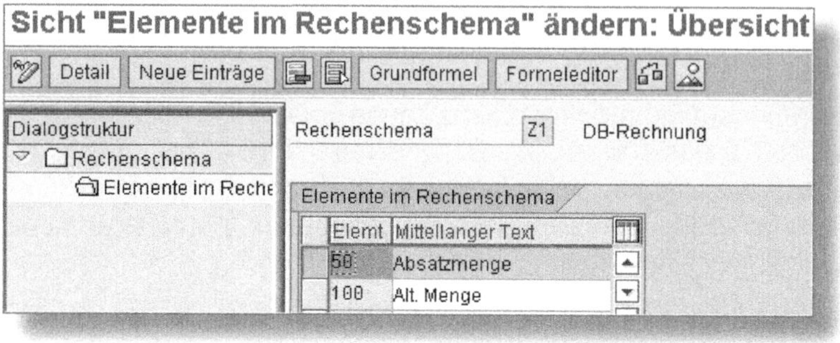

Abbildung 7.2: Detaildefinition des Elements eines Rechenschemas

Wir machen das hier beispielhaft für das Element 50 »Absatzmenge«. In dem nächsten Bildschirm legen Sie für die Absatzmenge die Grundformel fest. Sie soll positiv dargestellt werden, das steuern Sie über das Plus-Zeichen. Dem im Ergebnisbereich Z111 definierten Mengenfeld »Absatzmenge« wurde systemtechnisch das Element 9001 zugeordnet, das Sie nun auswählen (siehe Abbildung 7.3).

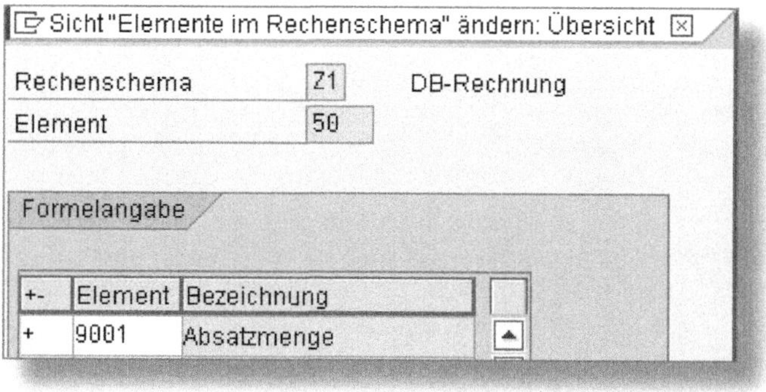

Abbildung 7.3: Rechenschema-Element Absatzmenge

Ähnlich verfahren Sie für die übrigen Elemente, die Sie bereits als Mengen- oder Wertfelder definiert haben.

Anders ist es bei Zwischensummen in Ihrem Deckungsbeitragsschema. Beispielhaft betrachten wir das Element 300 »Rechnungsumsatz«. Wir wollen diesen Rechnungsumsatz als Differenz aus Bruttoumsatz und Rabatten errechnen. Bruttoumsatz und Rabatte sind eigene Wertfelder Ihres Ergebnisbereichs, sodass die Elemente 9003 und 9004 bereits systemseitig dafür vergeben wurden. Näheres zeigt Ihnen Abbildung 7.4.

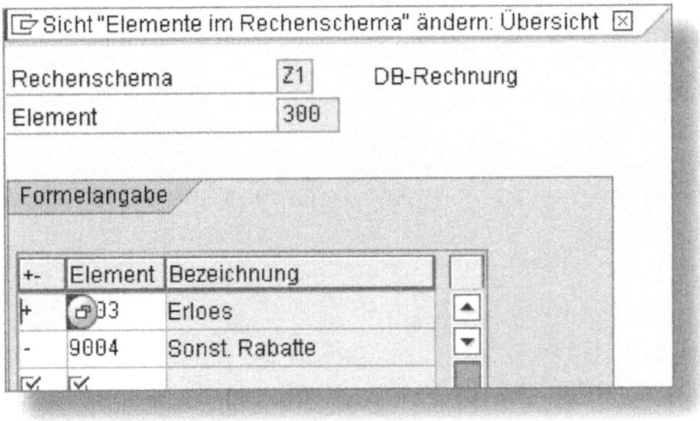

Abbildung 7.4: Rechenschema-Element Rechnungsumsatz

Ein weiteres Beispiel für eine Zwischensumme sehen Sie in Abbildung 7.5. Wir errechnen die Zwischensumme »Deckungsbeitrag 1 (DB1)«, also RECHENSCHEMA-ELEMENT 650.

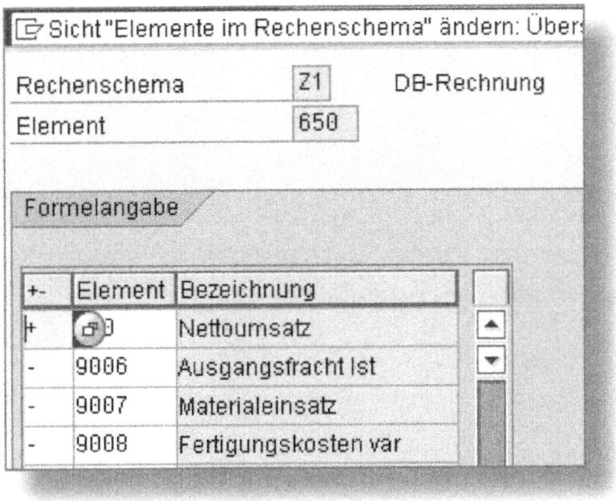

Abbildung 7.5: Grundformel des Rechenschema-Elements DB1

Das Besondere an dieser Formel ist, dass sowohl systemtechnisch als auch im Rechenschema definierte Elemente kombiniert werden. Von dem Rechenschema-Element 300 werden die systemtechnischen Elemente 9006, 9007 und 9008 abgezogen, um das Rechenschema-Element 650 zu errechnen, das das Zwischenergebnis DB1 darstellen wird. Die systemtechnischen Elemente (9000+) schlägt Ihnen das System bei der Anlage der Grundformel vor, wenn Sie den nebenstehenden Matchcode aufmachen.

Im nächsten Abschnitt beschreibe ich Ihnen, wie Sie Berichtsvariablen, die Sie ebenfalls für Ihre Ergebnisberichte benötigen, anlegen.

7.2.2 Berichtsvariablen

Wenn Sie Berichte oder Formulare flexibel definieren wollen, arbeiten Sie mit Variablen. Sie müssen erst bei der Definition oder bei der Ausführung eines Berichts bestimmte Felder füllen und nicht schon vorher. Sie können Variablen für Berichte entweder aus dem Anwendungsmenü oder aus dem Einstellungsmenü der Ergebnisrechnung definieren. Sie gelangen im zweiten Fall über den Weg INFOSYSTEM • BERICHTSBESTANDTEILE • VARIABLEN FÜR BERICHTE DEFINIEREN an die richtige Stelle. Nach Drücken des Buttons NEUE EINTRÄGE müssen Sie zuerst einen Variablentyp auswählen. Für unsere Ergebnisberichte benötigen wir die Variablentypen 1 und 3.

- Eine Variable für Merkmalswerte (Variablentyp 1) setzen Sie ein, um Werte für Merkmale erst zum Zeitpunkt des Berichtsaufrufs vom Benutzer eingeben zu lassen.
- Eine Textvariable (Variablentyp 3) verwenden Sie analog zur Variablen für Merkmalswerte, jedoch dient diese dazu, Texte anstelle von Merkmalswerten darzustellen.
- Nach dem Variablentyp bestimmen Sie einen Variablennamen, der festlegt, wie die Variable in der Anwendung gefunden wird. Beispielhaft legen wir nun eine Variable für das Merkmal »Kunde« an (Abbildung 7.6).

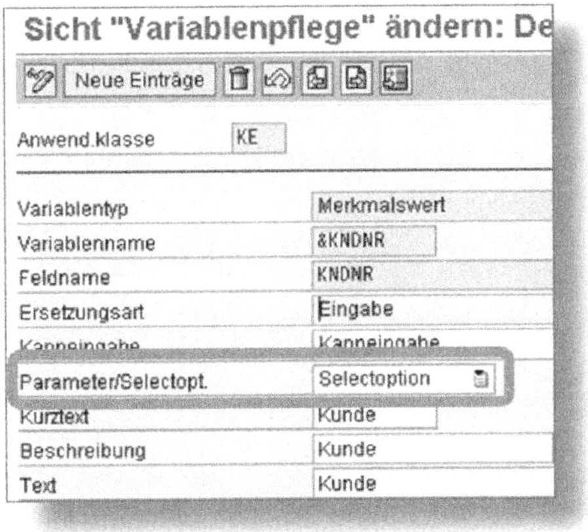

Abbildung 7.6: Selektionsvariable für KNDNR

Vielleicht ein kurzer Hinweis, der für Ihre Überlegungen hilfreich sein kann: Wählen Sie unter PARAMETER/SELECTOPT. den Wert »Selectoption« aus, so können Sie beim Ausführen eines Berichts Mehrfachselektionen vornehmen (siehe Abbildung 7.7). Wählen Sie »Parameter« aus, ist es beim Ausführen eines Berichts nur möglich, das Feld KUNDE freizulassen oder eine konkrete Ausprägung einzugeben. Wenn Sie z. B. ein Intervall von Kunden sehen wollen, müssten Sie schon zwei Variablen (»VonKunde« und »BisKunde«) erfassen, um dies möglich zu machen.

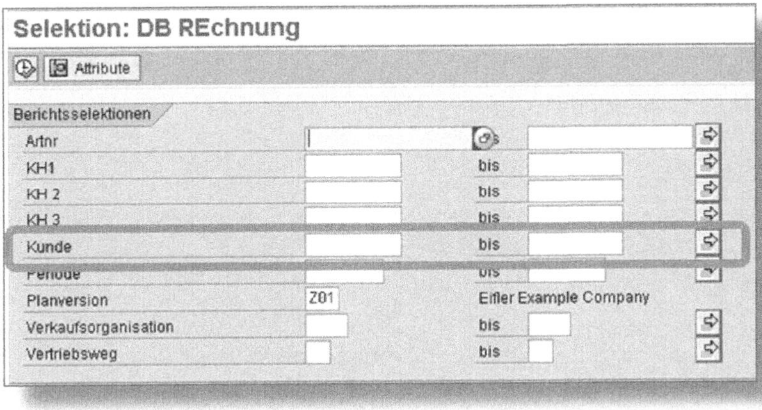

Abbildung 7.7: Mehrfachselektionsmöglichkeiten durch Select-Options

Ich empfehle Ihnen, für alle Merkmale, die Sie in Ihren Ergebnisberichten verwenden möchten, Merkmalsvariablen anzulegen.

Der dritte Berichtsbestandteil, den Sie für CO-PA-Berichte benötigen, sind Ergebnisberichtsformulare, die ich Ihnen im nächsten Abschnitt beschreibe.

7.2.3 Ergebnisberichtsformulare

Ein Ergebnisberichtsformular beschreibt Ihnen den inhaltlichen und den formalen Aufbau des Berichts. Ich empfehle Ihnen, wie eingangs in diesem Kapitel erläutert, als Formular für Ihre Ergebnisberichte nur Formulare vom Typ ZWEI KOORDINATEN (MATRIX) zu verwenden. Sie legen Formulare über die Transaktion KE34 an (siehe Abbildung 7.8).

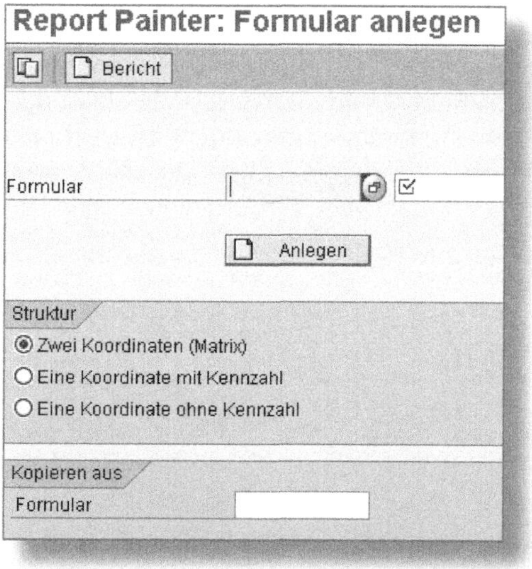

Abbildung 7.8: Ergebnisberichtsformulare anlegen

Bevor ich im Folgenden alle Schritte beschreibe, die Sie durchführen müssen, um ein Formular anzulegen, zeige ich Ihnen in Abbildung 7.9, wie am Ende des Tages das Formular aussehen sollte:

Formular DB RECHNUNG DB Rechnung

Schlüsselspalte	Ist-Daten $P	Ist / Kg $P	Plan-Daten $P	Plan / Kg $P	Abw.
Absatzmenge	XXX.XXX.XXX	XXXXXXXXX,XXX	XXX.XXX.XXX	XXXXXXXXX,XXX	XXXXXX.XXX,XX
Alt. Menge	✓ XXX.XXX.XXX	XXXXXXXXX,XXX	✓ XXX.XXX.XXX	XXXXXXXXX,XXX	XXXXXX.XXX,XX
Bruttoumsatz	XXX.XXX.XXX	XXXXXXXXX,XXX	XXX.XXX.XXX	XXXXXXXXX,XXX	XXXXXX.XXX,XX
Rabatte	XXX.XXX.XXX	XXXXXXXXX,XXX	XXX.XXX.XXX	XXXXXXXXX,XXX	XXXXXX.XXX,XX
Rechnungsumsatz	XXX.XXX.XXX	XXXXXXXXX,XXX	XXX.XXX.XXX	XXXXXXXXX,XXX	XXXXXX.XXX,XX
Skonto	XXX.XXX.XXX	XXXXXXXXX,XXX	XXX.XXX.XXX	XXXXXXXXX,XXX	XXXXXX.XXX,XX
Boni	XXX.XXX.XXX	XXXXXXXXX,XXX	XXX.XXX.XXX	XXXXXXXXX,XXX	XXXXXX.XXX,XX
Nettoumsatz	XXX.XXX.XXX	XXXXXXXXX,XXX	XXX.XXX.XXX	XXXXXXXXX,XXX	XXXXXX.XXX,XX
Frachtkosten	XXX.XXX.XXX	XXXXXXXXX,XXX	XXX.XXX.XXX	XXXXXXXXX,XXX	XXXXXX.XXX,XX
Materialkosten	XXX.XXX.XXX	XXXXXXXXX,XXX	XXX.XXX.XXX	XXXXXXXXX,XXX	XXXXXX.XXX,XX
Fertigung	XXX.XXX.XXX	XXXXXXXXX,XXX	XXX.XXX.XXX	XXXXXXXXX,XXX	XXXXXX.XXX,XX
DB 1	XXX.XXX.XXX	XXXXXXXXX,XXX	XXX.XXX.XXX	XXXXXXXXX,XXX	XXXXXX.XXX,XX
Marketingkosten	XXX.XXX.XXX	XXXXXXXXX,XXX	XXX.XXX.XXX	XXXXXXXXX,XXX	XXXXXX.XXX,XX
Verkaufsförderung	XXX.XXX.XXX	XXXXXXXXX,XXX	XXX.XXX.XXX	XXXXXXXXX,XXX	XXXXXX.XXX,XX
DB 2	XXX.XXX.XXX	XXXXXXXXX,XXX	XXX.XXX.XXX	XXXXXXXXX,XXX	XXXXXX.XXX,XX
Fixkosten	XXX.XXX.XXX	XXXXXXXXX,XXX	XXX.XXX.XXX	XXXXXXXXX,XXX	XXXXXX.XXX,XX
Ergebnis	XXX.XXX.XXX	XXXXXXXXX,XXX	XXX.XXX.XXX	XXXXXXXXX,XXX	XXXXXX.XXX,XX

Abbildung 7.9: Fertiges Ergebnisberichtsformular

Wie ich Ihnen im Kapitel »Planung« zum Planungslayout erzählt habe, besteht dieses Formular wiederum aus drei Teilen:

- Zeilen
- Spalten
- Allgemeine Selektion

Beginnen wir für unser Beispiel mit den Zeilen. Ziel unseres Formulars ist es, die Deckungsbeitragsrechnung im Ist und Plan darzustellen. Als Zeilen verwenden Sie die Zeilen des zuvor angelegten Rechenschemas. Über zusätzliche Merkmale wird nicht eingeschränkt. Bei einem noch leeren Formular werden die Zeilen als Punkte dargestellt. Sie machen nun einfach einen Doppelklick auf einen Punkt. Bei dem nun erscheinenden Pop-up kreuzen Sie RECHENSCHEMA-ELEMENT an (siehe Abbildung 7.10).

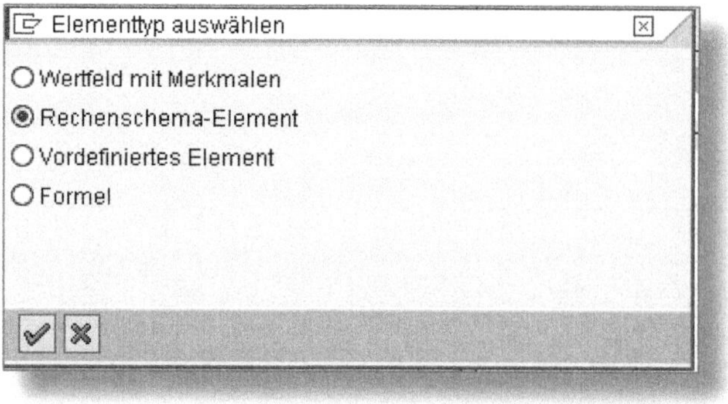

Abbildung 7.10: Auswahl des Elementtyps für eine Zeilendefinition

Danach erscheint ein weiteres Fenster, in dem Sie oben das Rechenschema-Element auswählen können. Wie oben gesagt, brauchen Sie hier keine weiteren Merkmale einzuschränken (siehe Abbildung 7.11).

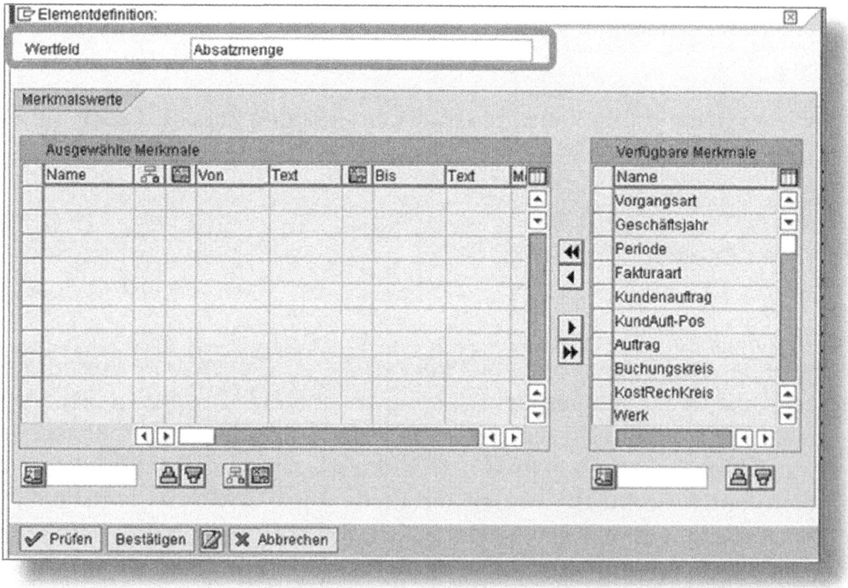

Abbildung 7.11: Elementdefinition Zeile Absatzmenge

Nach Drücken des Buttons BESTÄTIGEN ist Ihre Zeile, in unserem Beispiel die Zeile »Absatzmenge«, definiert. Sie verfahren nun analog für jede Zeile Ihres Deckungsbeitragsschemas, bis Sie alle Zeilen definiert haben.

Als Nächstes definieren Sie Ihre Spalten. Wir erinnern uns: Wir wollen eine Ist- und Planspalte, eine Abweichungsspalte sowie eine Ist- und eine Planspalte pro Kilogramm.

Fangen wir mit der Istspalte an. Bei einem leeren Formular sehen Sie dort, wo Sie Spalten anlegen können, wieder nur Punkte. Durch Doppelklick auf einen Punkt erscheint ein Pop-up (siehe Abbildung 7.12).

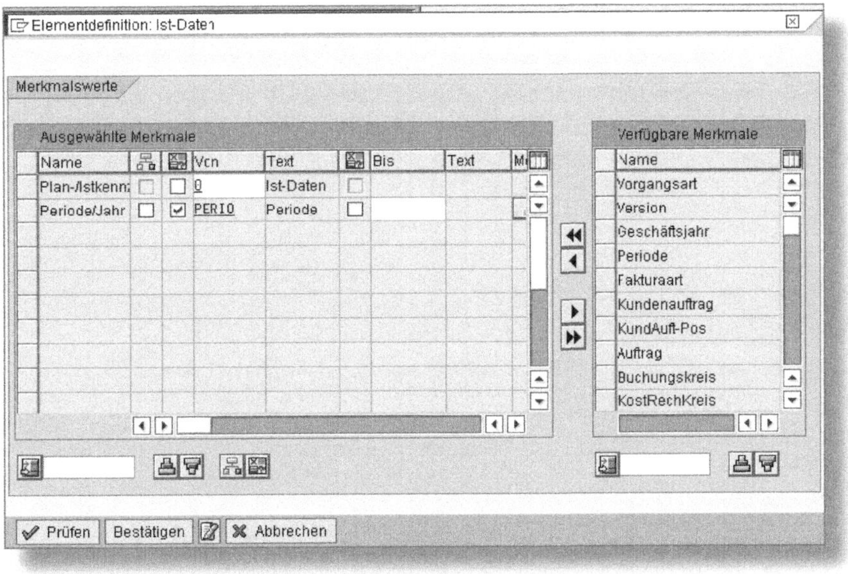

Abbildung 7.12: Definition der Istspalte

Für diese Spalte haben wir zwei Merkmale ausgewählt: Das »Plan-Ist-Kennzeichen« und das Merkmal »Periode/Jahr«. Die Merkmalsausprägung 0 (= Ist) im Merkmal »Plan-Ist-Kennzeichen« steuert, dass diese Spalte nur Istwerte aufnehmen soll.

Über das Merkmal »Periode/Jahr« können Sie spaltengenau steuern, welche Periode in einer Spalte dargestellt wird. Da wir uns noch nicht bei der Definition des Formulars festlegen wollen, welche Periode denn ausgewählt wird, arbeiten wir hier zum ersten Mal mit den zuvor angelegten Berichtsvariablen. Als Variable wird die angelegte Variable PERIO verwendet, sodass Sie bei der Berichtsausführung für die Perioden Mehrfachselektionsmöglichkeiten haben.

In unserem durchgängigen Beispiel haben wir die normierte Absatzmenge eingeführt, alle Absatzmengen werden zusätzlich in Kilogramm umgerechnet und dargestellt. Ob es in Ihrem Unternehmen sinnvoll ist, Artikel und ihre Konditionen anhand des Gewichtes zu vergleichen, vermag ich nicht zu beurteilen. Vielleicht haben Sie auch andere Einheitsgrößen, die Ihre Artikel vergleichbar machen. Wichtig ist für dieses Buch, dass ich Ihnen am Customizing und am Coding gezeigt habe, wie Sie normierte Mengen darstellen. Nehmen wir jetzt an, Sie könnten auf »Kilogramm« vergleichen, müssen Sie nun in der Kreuzung der gerade definierten Istspalte und der Zeile »Alt. Menge« die Zelle als markiert darstellen. Dazu drücken Sie auf die entsprechende Zelle und wählen MARKIERT (siehe Abbildung 7.13).

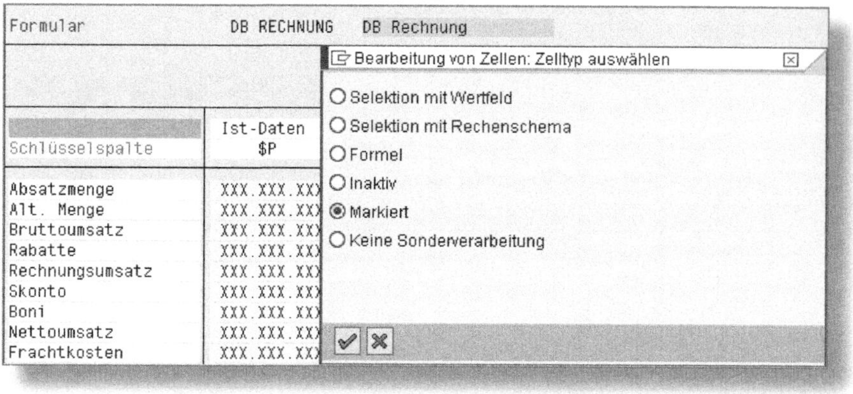

Abbildung 7.13: Markierung einer Zelle im Formular

Im Formular hat die Zelle jetzt einen Haken (siehe Abbildung 7.14). Diese markierte Zelle können Sie jetzt in der nächsten Spalte verwenden.

Wir wollen nun die Spalte »Ist/kg« definieren. Auch hier machen Sie einen Doppelklick auf den nächsten freien Spaltenpunkt und wählen den Button FORMEL, da diese Spalte eine Formel werden soll. Sie gelangen nun automatisch in einen sogenannten Formeleditor, in den Sie Ihre Formel eintragen können (siehe Abbildung 7.15).

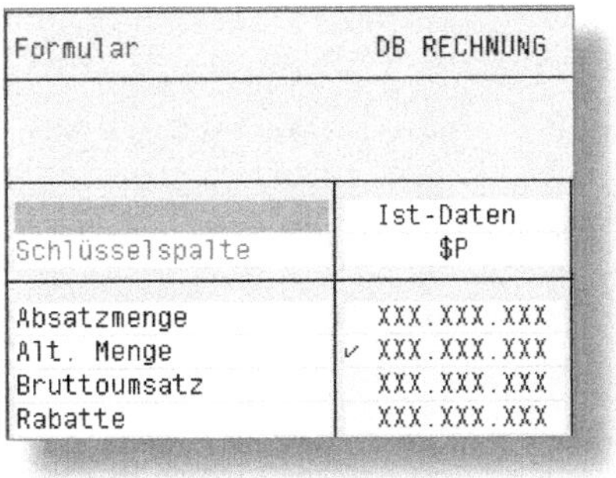

Abbildung 7.14: Markierung einer Zelle

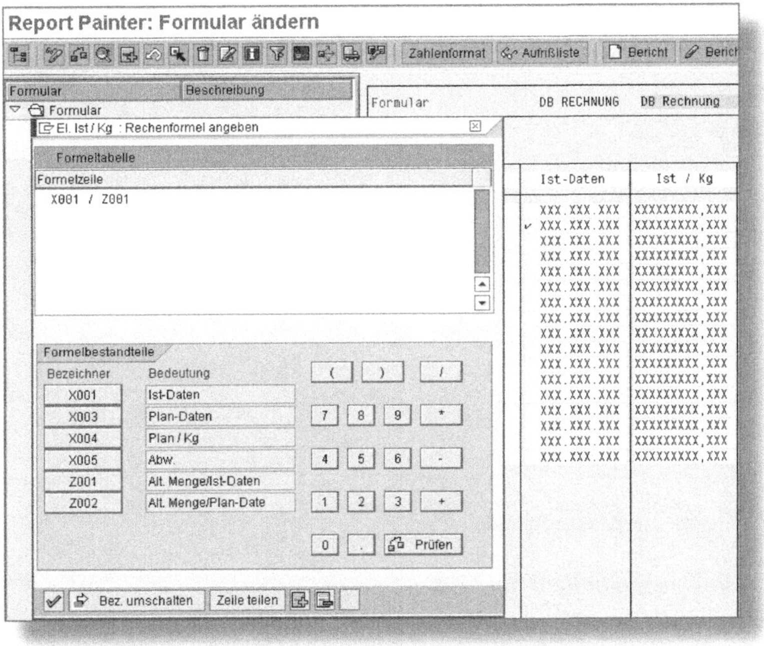

Abbildung 7.15: Formeleditor für die Spalte Ist/kg

Da es eine Formel für Spalten werden soll, werden Ihnen mit dem Bezeichner »X001« etc. die bereits von Ihnen angelegten Spalten für die Verwendung in der Formel vorgeschlagen. Nun können Sie auch erkennen, warum wir vorher die Zelle aus der Kreuzung »Istspalte/Alt. Menge« markiert haben. Durch die Markierung ist die Zelle dem Formeleditor bekannt, hier ist es die Zelle »Z001«. In den oberen Kasten schreiben Sie nun die Formel, die die Spalte »Ist/kg« haben soll: X001/ Z001. Dies führt dazu, dass alle Zellen in dieser Spalte die Istwerte der Istspalte geteilt durch den Wert der Zelle Z001 aufnehmen werden. Nach Bestätigen des Formeleditors ist die Spalte definiert.

Auf ähnliche Weise definieren Sie nun die Spalten für »Plan-Daten« und für »Plan/kg«. Bei der Planspalte verwenden Sie für das Plan-Ist-Kennzeichen eine 1 (= Plan). Da jeder Plan mit einer Planversion gespeichert werden sollte, damit Sie später unterschiedliche Pläne miteinander vergleichen können, geben Sie ferner das Merkmal »Planversion« in der Merkmalsauswahl mit (siehe Abbildung 7.16).

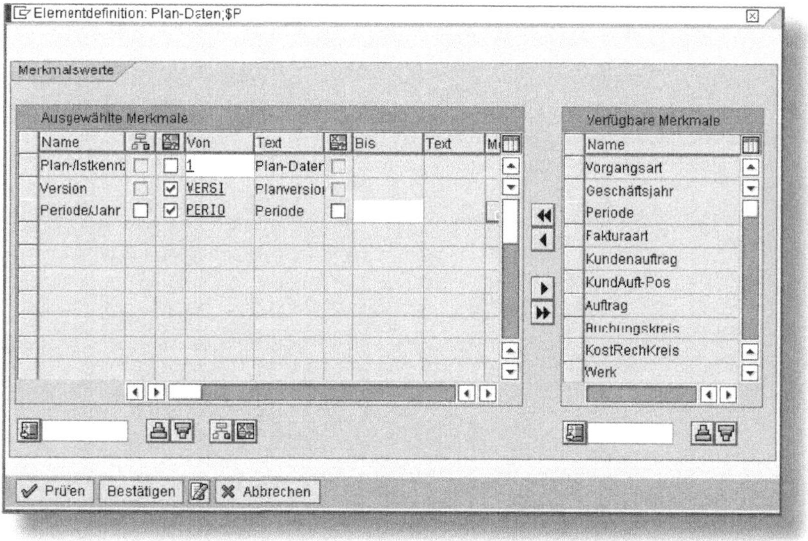

Abbildung 7.16: Definition der Planspalte im Formular

Auch für die Version verwenden Sie eine im Vorfeld definierte Variable, damit Sie nicht schon jetzt, sondern erst zum Berichtsaufruf entscheiden müssen, welche Planversion Sie denn sehen wollen.

Die Spalte »Abweichung« ist wieder eine Formel: Istdaten abzüglich Plandaten. Wieder klicken Sie auf den nächsten freien Punkt, legen die Spalte als Formel fest und gelangen erneut automatisch in den Formeleditor, in dem Sie dann bestimmen: Istdaten abzüglich Plandaten. Die

Zeilen und Spalten sehen nun so aus wie bei der Zieldefinition in Abbildung 7.9 dargestellt.

☛ Kreuzung von Zeilen- und Spaltenformeln

Wenn Sie Formulare anlegen, ohne ein Rechenschema zu verwenden, müssen Sie in einigen Zeilen ebenfalls (z. B. für Zwischensummen) mit Formeln arbeiten. Dann kann es vorkommen, dass SAP nicht ganz klar ist, welche Formel Vorrang hat: die Zeilen- oder die Spaltenformel. Die bei der Kreuzung der Zeile und der Spalte betroffene Zelle muss per Doppelklick informiert werden, ob die Zeilen- oder die Spaltenrechnung Vorrang hat.

Als drittes Formularelement müssen Sie nun noch die allgemeine Selektion definieren. Diese finden Sie im Formular unter BEARBEITEN • ALLG. SELEKTIONEN • ALLG. SELEKTIONEN.

Für unser Beispiel haben wir hier die Merkmale aufgenommen, die Sie beim Aufruf eines zugehörigen Berichts selektieren möchten und über die Sie im Bericht einen Drill-Down machen können (siehe Abbildung 7.17).

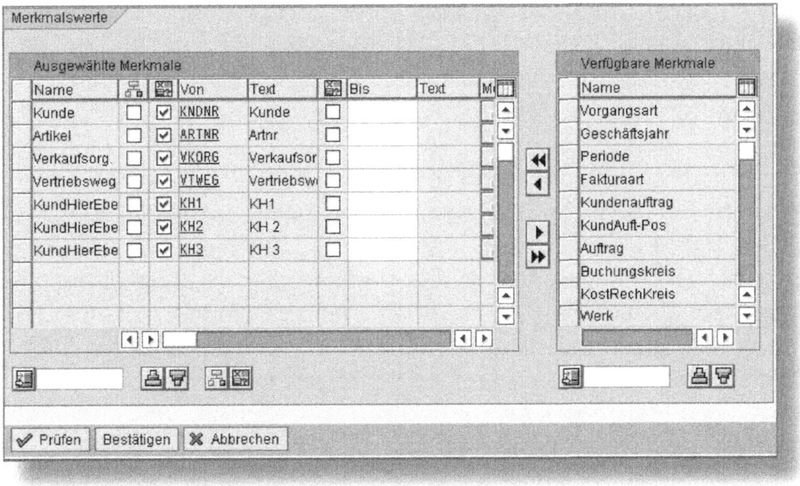

Abbildung 7.17: Allgemeine Selektionen im Formular

Auch hier sollten Sie Variablen verwenden, damit Sie erst beim Berichtsaufruf entscheiden müssen, ob Sie alle oder nur bestimmte Merkmalsausprägungen eines Merkmals im Bericht sehen möchten.

Danach können Sie das Formular prüfen und sichern. Es kann in so vielen Ergebnisberichten verwendet werden, wie Sie wollen.

7.3 Rechercheberichte

Die Berichte, die Sie basierend auf der »Zwei Koordinaten (Matrix)«-Struktur der Ergebnisberichtsformulare aufbauen, heißen Rechercheberichte. Diese Rechercheberichte bieten die Funktionalitäten, die ich Ihnen in der Einleitung dieses Kapitels beschrieben habe.

Wenn Sie einen derartigen Recherchebericht anlegen, können Sie die Merkmale festlegen, über die im Bericht navigiert und heruntergebrochen (neudeutsch heißt das Drill-Down) werden soll. Ferner lässt sich die Sortierung des Drill-Downs über die Merkmale vorgeben. Es kann sich um Merkmale aus Ihrem Formular, aber auch um zusätzliche Merkmale handeln. Um lange Wartezeiten bei der Selektion auf Ihren Datenbestand zu vermeiden, haben Sie die Möglichkeit, im Bericht einzustellen, ob er zwingend auf eine Verdichtungsebene zugreifen soll oder nicht. *Verdichtungsebenen* benötigen Sie, um im Vorfeld den CO-PA-Datenbestand zu verdichten und so benötigte Informationen schnell aufrufen zu können. Dazu sage ich im Abschnitt 9.1 mehr.

Ferner besteht die Möglichkeit, Ergebnisberichte zu teilen. Sie rufen z. B. zuerst einen Ergebnisbericht auf, der nur kundenspezifische Merkmale enthält. In dem Bericht navigieren Sie auf einen Einzelkunden hinunter. Nun rufen Sie für diesen Kunden einen zweiten (geteilten) Ergebnisbericht auf, der alle erforderlichen artikelspezifischen Merkmale enthält. Die Möglichkeit der Berichtsteilung bietet sich für solche Datenbestände an, die sehr groß sind und eine beschriebene Berichtsteilung benötigen, um kunden- und artikelspezifische Informationen gemeinsam darstellen zu lassen.

Als Rechercheberichte bieten sich normalerweise an:

- Ist-Plan-Vergleiche
- Jahresvergleiche
- Planberichte
- Variable Periodenberichte

Es sind, wie schon erwähnt, außerdem Berichte über ein Wertfeld oder mehrere spezielle Wertfelder aufbaubar, um Spezialanalysen zu erzeugen.

Ich empfehle Ihnen ferner, Ergebnisberichte, die sich nur auf allgemeine und artikelspezifische Merkmale beziehen, für die vier oben genannten Formen anzulegen. Daneben bieten sich Berichte an, die nur kundenspezifische Merkmale enthalten. Und schließlich können Sie noch Berichte erstellen, die sowohl artikel- als auch kundenspezifische Merkmale beinhalten, die aber wirklich nur benutzt werden sollten, wenn Sie Informationen benötigen, die auf den Kombinationen von artikel- und kundenspezifischen Merkmalen beruhen.

7.4 Einzelpostenlayouts

Im Kapitel 5 »Werteflüsse im Ist« habe ich Ihnen schon viel über eventuelle Einzelpostenkorrekturen berichtet. Die Voraussetzung dafür ist natürlich, dass Sie die Einzelposten so darstellen können, wie Sie sie benötigen. Dazu bietet es sich an, individuelle Einzelpostenlayouts anzulegen.

Mit einem Einzelpostenlayout können Sie die erfassten CO-PA-Einzelposten in Listform anzeigen, herunterladen oder drucken. Einzelpostenlayouts können Sie über das Anwendungsmenü der Ergebnisrechnung aufrufen. Sie gelangen über den Weg INFOSYSTEM • LAUFENDE EINSTELLUNGEN • EINZELPOSTENLAYOUT DEFINIEREN an die richtige Stelle (Transaktion KE3F). Beim Anlegen eines Layouts müssen Sie zunächst das Layout benennen (siehe Abbildung 7.18).

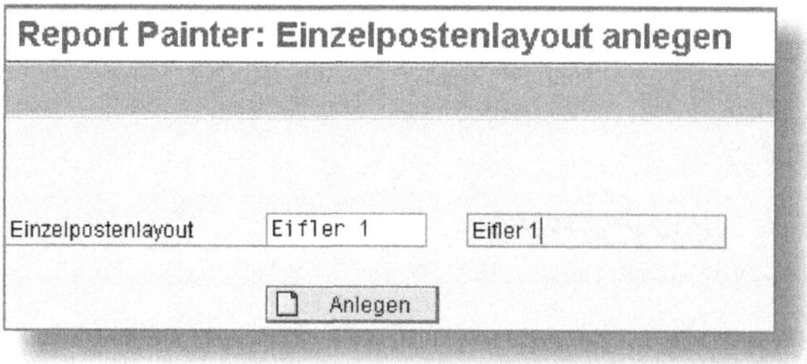

Abbildung 7.18: Anlage eines Einzelpostenlayouts I

Danach drücken Sie auf den Button ANLEGEN und gelangen in folgendes Einstiegsbild (siehe Abbildung 7.19).

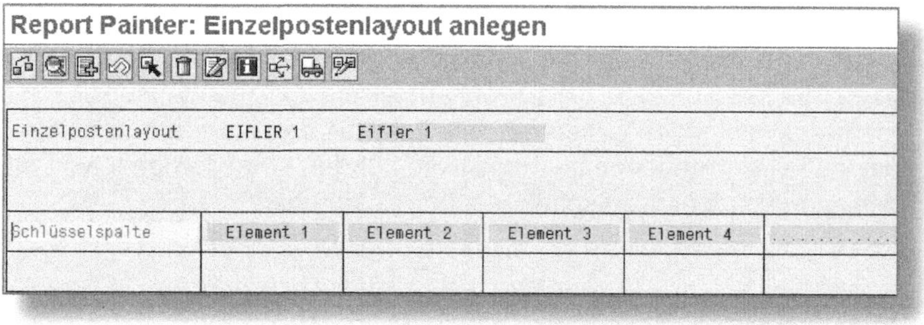

Abbildung 7.19: Einstiegsbild Einzelpostenlayout

Sie können durch Doppelklick auf die einzelnen Elemente – bzw. falls Sie bereits »Element 4« definiert haben, durch Drücken auf einen Punkt – Merkmale und Wertfelder Ihres Ergebnisbereichs hinzufügen. Darüber hinaus stehen Ihnen Datumsfelder wie »Angelegt am«, Fakturadatum etc. zur Auswahl (diese Datumsfelder haben Sie in den Recherchеberichten nicht!). Beispielhaft habe ich ein Layout einmal angelegt (siehe Abbildung 7.20).

Sie können diese Einzelpostenlayouts sowohl für Ist- als auch für Planeinzelposten verwenden, also speziell bei den Transaktionen KE24 (Isteinzelposten anzeigen) oder KE25 (Planeinzelposten anzeigen).

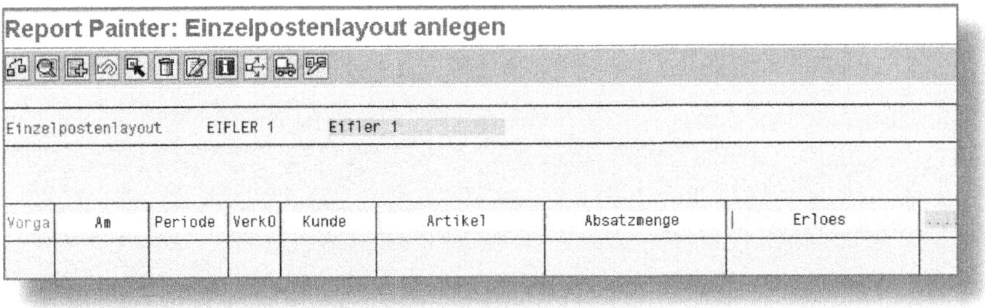

Abbildung 7.20: Beispiel Einzelpostenlayout

Gemäß den Selektionskriterien (siehe Abbildung 7.21), die Sie beim Aufruf von KE24 oder KE25 angeben, selektiert SAP die entsprechenden Einzelposten.

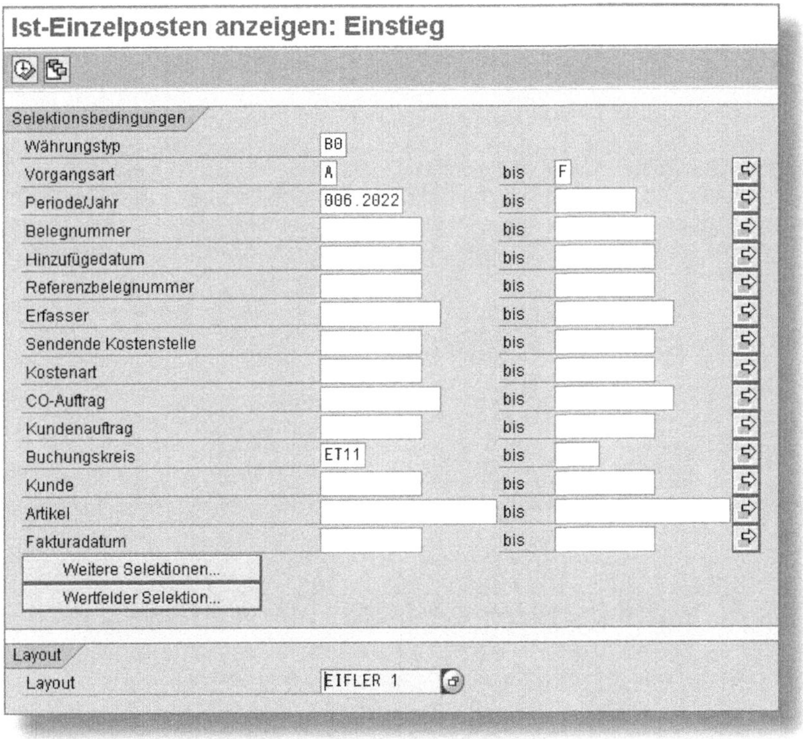

Abbildung 7.21: Selektionsbildschirm KE24

Das Ergebnis könnte dann wie in Abbildung 7.22 aussehen.

Ist-Einzelposten anzeigen: Liste

Standardlayout | Stammda

Plan-/Istkennzeichen	0
Vorgangsart	AF
Periode/Jahr	006.2022
Buchungskreis	ET11
Währungstyp	B0
Anzahl Einzelposten	27
Zugriffsmethode	Lesen wie gebucht
Ergebnisbereichswähr	EUR

Vorg...	Angelegt am	Periode	VkOrg	Kunde	Artikel	Σ Absatzme.	B...	Σ Erloes	Währg
A	28.06.2022	006.2022	ET15	K1	A1	10	ST	30.000,00	EUR
A	28.06.2022	006.2022	ET15	K1	A5	15	ST	74,85	EUR
A	28.06.2022	006.2022	ET15	K1	A3	20	ST	6.000,00	EUR
A	28.06.2022	006.2022	ET15	K2	A2	10	ST	30.000,00	EUR
A	28.06.2022	006.2022	ET15	K2	A4	5	ST	245,00	EUR
A	28.06.2022	006.2022	ET15	K3	A1	30	ST	90.000,00	EUR
A	28.06.2022	006.2022	ET15	K3	A5	25	ST	124,75	EUR
A	28.06.2022	006.2022	ET15	K4	A1	10	ST	30.000,00	EUR
A	28.06.2022	006.2022	ET15	K4	A4	25	ST	1.225,00	EUR
A	28.06.2022	006.2022	ET15	K5	A2	40	ST	120.000,00	EUR
A	28.06.2022	006.2022	ET15	K5	A3	5	ST	1.500,00	EUR
A	28.06.2022	006.2022	ET15	K6	A3	10	ST	3.000,00	EUR
A	28.06.2022	006.2022	ET15	K6	A2	15	ST	45.000,00	EUR
D	29.06.2022	006.2022	ET15	K1				0,00	EUR
D	29.06.2022	006.2022	ET15	K6	A2	0	ST	0,00	EUR
D	29.06.2022	006.2022	ET15	K6	A3	0	ST	0,00	EUR

Abbildung 7.22: Listanzeige CO-PA-Isteinzelposten

Nachdem Sie beide Formen der Formulare kennengelernt haben, zeige ich Ihnen nun, wie Sie die eigentlichen Berichte anlegen.

7.5 Aufbau eines Ergebnisberichts für unser Beispiel

Auf dem in diesem Buchkapitel beispielhaft aufgebauten Formular wollen wir nun über die Transaktion KE31 einen Ergebnisbericht anlegen (siehe Abbildung 7.23).

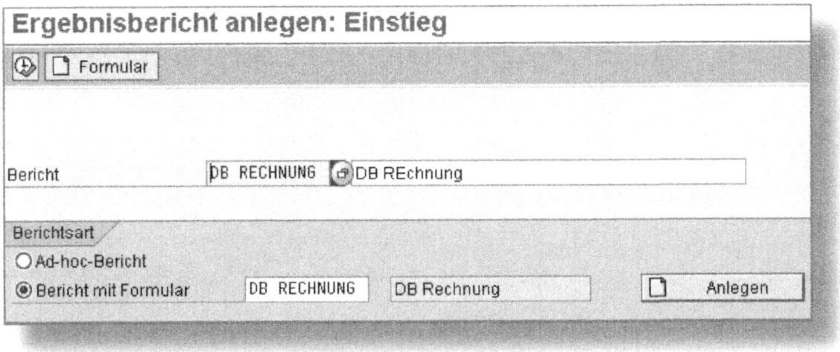

Abbildung 7.23: Ergebnisbericht anlegen

Zuerst müssen Sie wieder Ihren Bericht benennen. Danach markieren Sie BERICHT MIT FORMULAR und geben an, auf welches Formular Sie zugreifen wollen. Dann drücken Sie auf den Button ANLEGEN.

Nun gelangen Sie in einen Bildschirm mit vier unterschiedlichen Tabellenreitern (MERKMALE, VARIABLEN, AUSGABEART und OPTIONEN) (siehe Abbildung 7.24).

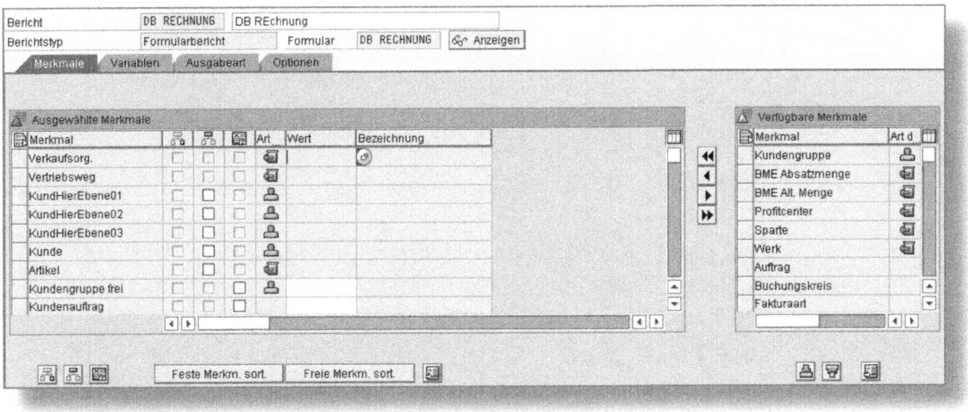

Abbildung 7.24: Einstiegsbild Bericht anlegen

Um den Bericht vollständig zu definieren, müssen Sie alle vier Tabellenreiter durcharbeiten. Im Reiter MERKMALE wählen Sie zunächst die Merkmale aus, über die Sie per Drill-Down berichten wollen.

Im Reiter VARIABLE sehen Sie die Berichtsvariable, die Sie in Ihrem Ergebnisberichtsformular ausgewählt haben. Da es in unserem Beispiel hauptsächlich Variablen mit Select-Options waren, sind diese hier jetzt nur grau dargestellt, d. h., sie sind an dieser Stelle nicht änderbar (siehe Abbildung 7.25).

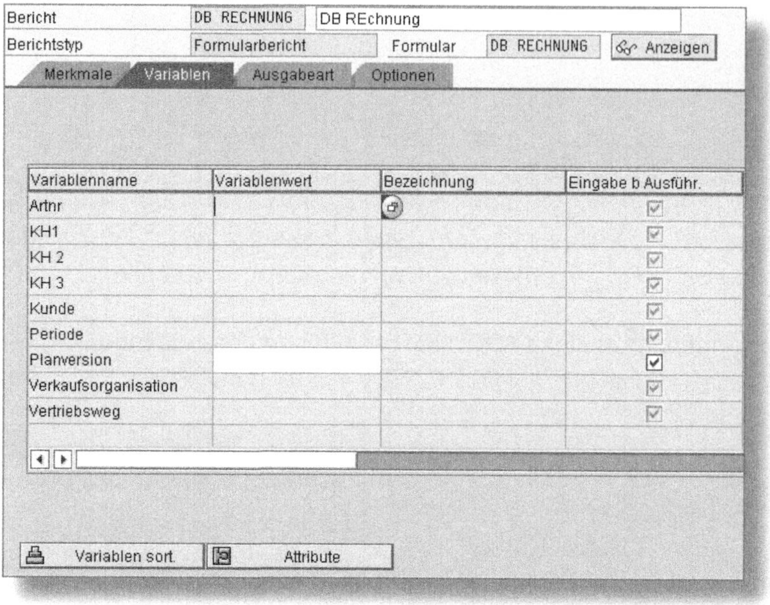

Abbildung 7.25: Variable beim Bericht anlegen

Im nächsten Tabellenreiter AUSGABEART legen Sie fest, wie der Bericht ausgeführt werden soll. Wir entscheiden uns hier für die klassische Recherche und wollen beim Berichtsaufbau mit der Detailliste beginnen (siehe Abbildung 7.26).

Detailliste bedeutet, dass der Bericht mit der Darstellung der Deckungsbeitragsrechnung in Zeilenform beginnt. *Aufrissliste* heißt hingegen, die einzelnen Deckungsbeitragspositionen werden in Spaltenform dargestellt. Der vierte Tabellenreiter wird in Abbildung 7.27 dargestellt.

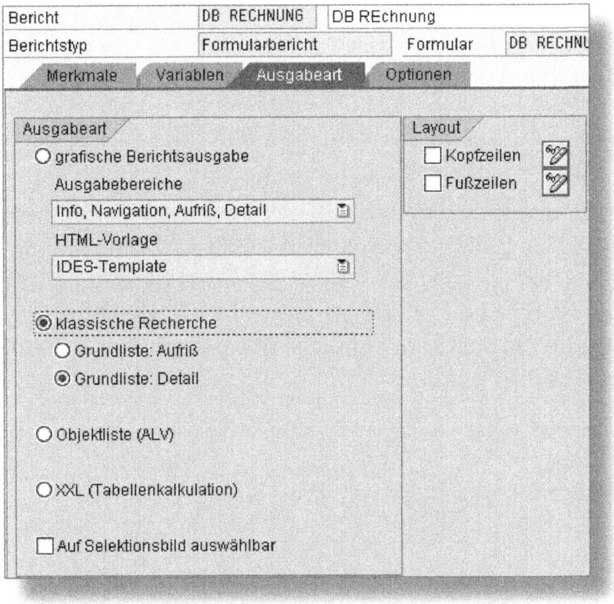

Abbildung 7.26: Festlegung der Ausgabeart bei der Berichtsanlage

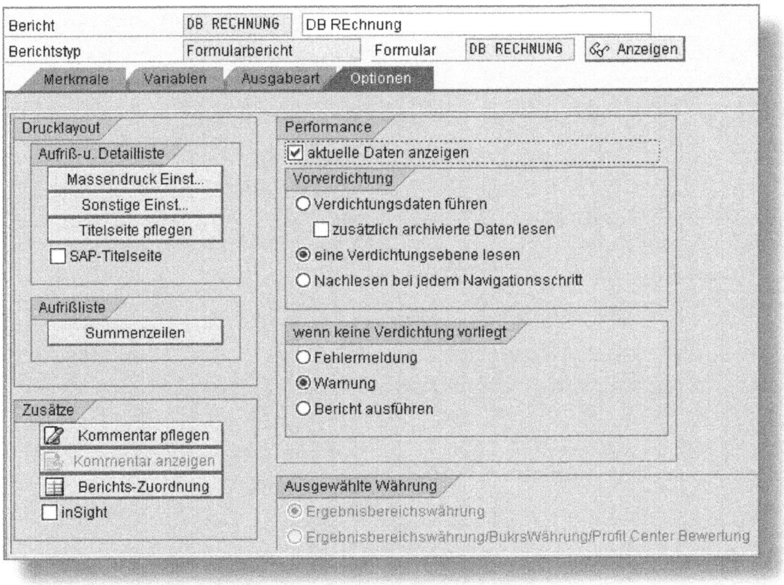

Abbildung 7.27: Optionen der Berichtsanlage

Sie sehen in dieser Abbildung, dass Ihnen vielfältige Optionen seitens SAP angeboten werden, sei es für das Drucklayout, die Aufrissliste oder für Kommentare etc. Was mir aber in diesem Reiter wichtig ist, ist der Block PERFORMANCE. Je länger Sie mit CO-PA arbeiten, umso mehr Einzelposten werden gespeichert (täglich wahrscheinlich Hunderte, wenn nicht sogar Tausende). Wenn Sie nicht mit sogenannten Verdichtungsebenen arbeiten, die ich Ihnen in Kapitel 9 intensiver erläutern werde, wird der Berichtsaufruf aufgrund von Performancegründen immer länger werden. Daher sollten Sie beim Berichtsaufruf Verdichtungsebenen lesen und zumindest eine Warnung bekommen, wenn der Bericht keine Verdichtungsebene findet. Danach ist der Bericht zu sichern und auszuführen.

7.6 Das dynamische Berichtswesen im Beispiel

Ich habe Ihnen bis hierher viel erzählt zu Merkmalen, Wertfeldern, Ableitungen, Bewertungen, Schnittstellen, Datenübernahmen, Istdaten, Plandaten, Berichtsbestandteilen oder Berichten. Wenn Sie kein weiteres Managementinformationssystem im Einsatz haben, in das Sie z. B. die erzeugten CO-PA-Einzelposten übertragen, benötigen Sie zur Darstellung der Ergebnisse das Informationssystem des CO-PA und damit das beschriebene dynamische Berichtswesen. Ich will Ihnen jetzt an unserem erstellten Beispielbericht zeigen, was wir alles erstellt haben.

Sie führen mit der Transaktion KE32 Ergebnisberichte aus und gelangen in ein Selektionsbild, in das Sie eingeben können, zu welchen möglichen Merkmalsausprägungen Sie Daten sehen möchten (siehe Abbildung 7.28).

Nach Ihren Eingaben führen Sie aus. Es kommt möglicherweise eine Warnung, dass keine Verdichtungsebene gefunden wird. Die sollten Sie nur durch »Ja« ignorieren, wenn der Datenbestand Ihrer CO-PA-Daten nicht allzu groß ist. Der Bericht startet mit der »Grundliste Detail« (siehe Abbildung 7.29).

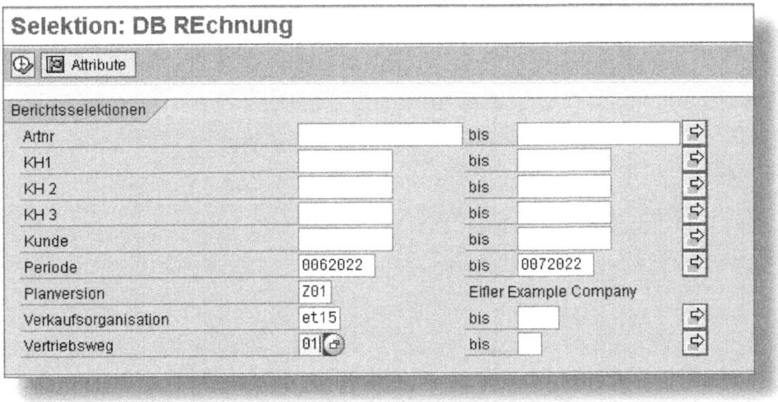

Abbildung 7.28: Selektionsbild Ergebnisbericht

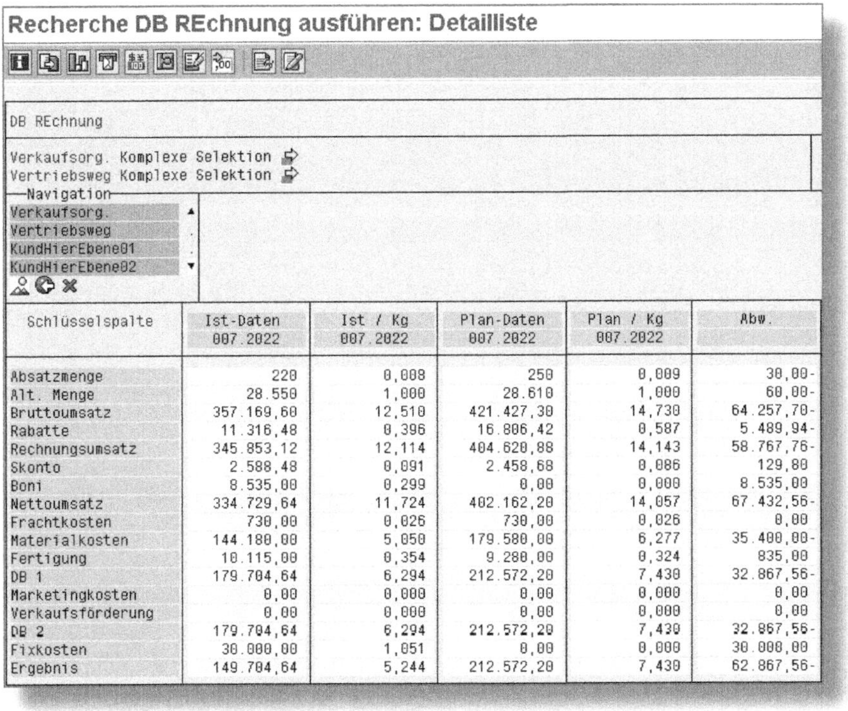

Schlüsselspalte	Ist-Daten 007.2022	Ist / Kg 007.2022	Plan-Daten 007.2022	Plan / Kg 007.2022	Abw.
Absatzmenge	220	0,008	250	0,009	30,00-
Alt. Menge	28.550	1,000	28.610	1,000	60,00-
Bruttoumsatz	357.169,60	12,510	421.427,30	14,730	64.257,70-
Rabatte	11.316,48	0,396	16.806,42	0,587	5.489,94-
Rechnungsumsatz	345.853,12	12,114	404.620,88	14,143	58.767,76-
Skonto	2.588,48	0,091	2.458,68	0,086	129,80
Boni	8.535,00	0,299	0,00	0,000	8.535,00
Nettoumsatz	334.729,64	11,724	402.162,20	14,057	67.432,56-
Frachtkosten	730,00	0,026	730,00	0,026	0,00
Materialkosten	144.180,00	5,050	179.580,00	6,277	35.400,00-
Fertigung	10.115,00	0,354	9.280,00	0,324	835,00
DB 1	179.704,64	6,294	212.572,20	7,430	32.867,56-
Marketingkosten	0,00	0,000	0,00	0,000	0,00
Verkaufsförderung	0,00	0,000	0,00	0,000	0,00
DB 2	179.704,64	6,294	212.572,20	7,430	32.867,56-
Fixkosten	30.000,00	1,051	0,00	0,000	30.000,00
Ergebnis	149.704,64	5,244	212.572,20	7,430	62.867,56-

Abbildung 7.29: Grundliste Detail

Sie sehen nun für Ihre gesamte Selektion die Daten – Controllern geht langsam das Herz auf ...

Nun wechseln wir einmal in die Aufrissliste für das Merkmal »Verkaufsorganisation« (siehe Abbildung 7.30) über NAVIGIEREN • VERKAUFSORG. (Ihr Merkmal ist schon Teil eines Pfades!):

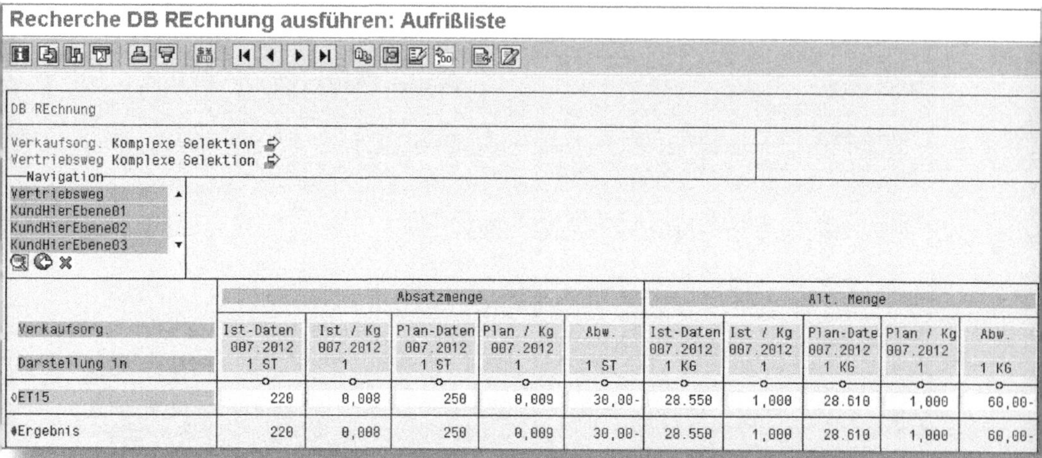

Abbildung 7.30: Grundliste Aufrissliste Verkaufsorganisation

Durch Drücken der »Kassettenrecorder-Tasten« können Sie Ihre gesamte DB-Struktur als Spalten darstellen.

Über BEARBEITEN • SPALTE(N) • EIN/AUS lassen sich Spalten aus- und einblenden. Wenn Sie z. B. erst einmal nur in der Aufrissliste Ihre Istdaten sehen wollen, markieren Sie durch Einfachklick eine Istspalte und gehen den obigen Pfad. Im Beispiel wollen wir uns einmal nur den Rechnungsumsatz im Ist ansehen (siehe Abbildung 7.31).

Durch Doppelklick auf die Merkmalsausprägung starten wir eine Drill-Down-Betrachtung hinunter über die Kundenhierarchien bis zum Kunden 5 und seinen abgenommenen Artikeln (siehe Abbildung 7.32).

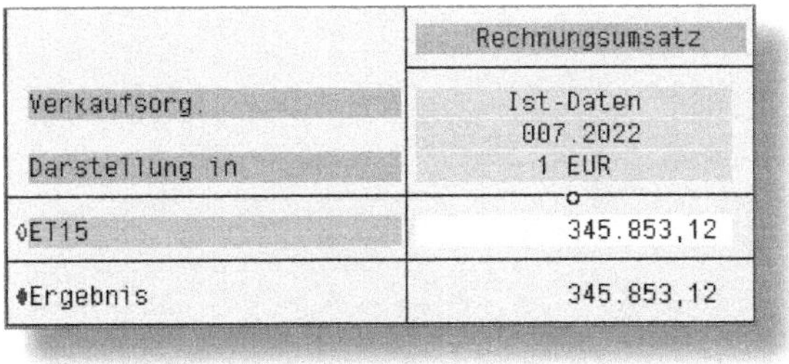

Abbildung 7.31: Ist-Rechnungsumsatz Verkaufsorganisation

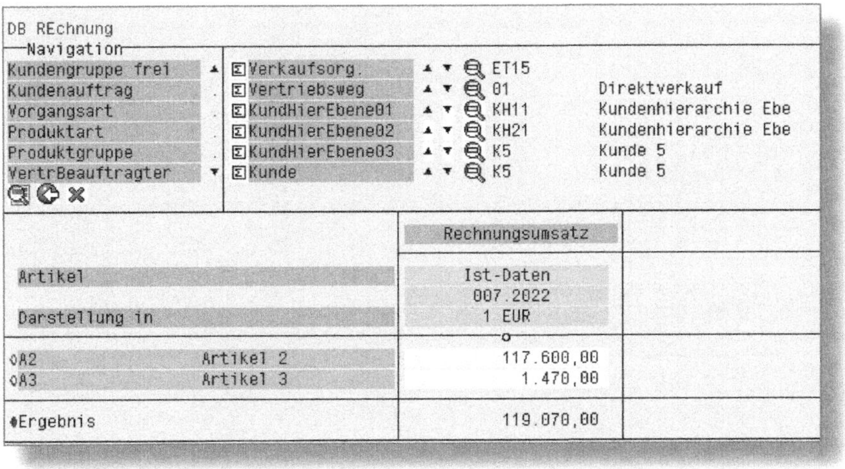

Abbildung 7.32: Drill-Down auf Kunde 5 und seine Artikel

Genau für diese Merkmalskombination können Sie sich nun die Ist- und Plan-DB als Detailliste ansehen: Sie gehen beispielsweise mit Ihrem Mauszeiger auf »Artikel 2« und wählen NAVIGIEREN • DETAILLISTE (siehe Abbildung 7.33).

Nun wechseln Sie wieder in Ihre Aufrissliste (über NAVIGIEREN • ARTIKEL) und kehren mit der Taste (oder F3) in Ihren ursprünglichen Drill-Down zurück bis z. B. VERTRIEBSWEG. Dort wählen Sie NAVIGIEREN • AUFRISS WECHSELN und selektieren ein Merkmal, das Sie jetzt sehen wollen, z. B. Produktart. Markieren Sie »PA1« und wechseln Sie wieder in die Detailliste (siehe Abbildung 7.34).

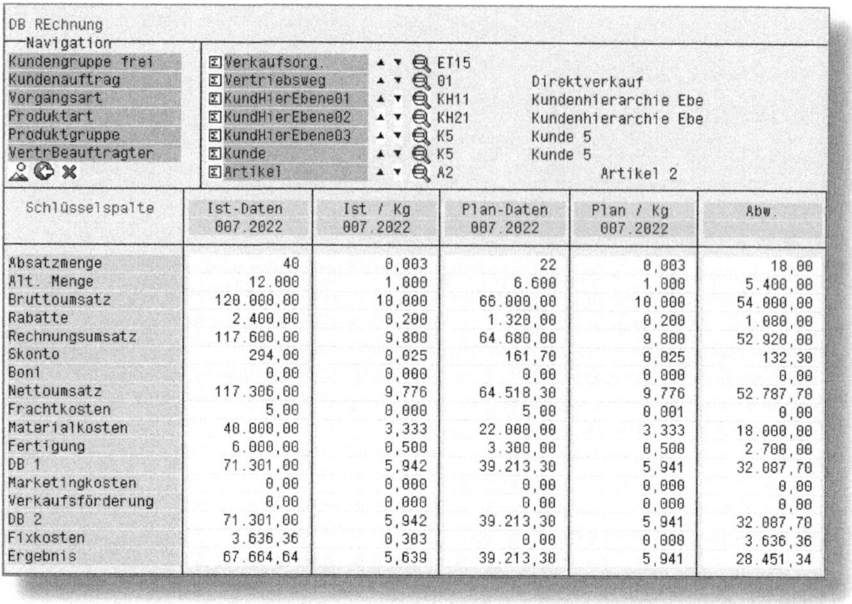

DB REchnung
Navigation

Kundengruppe frei	Verkaufsorg.	ET15	
Kundenauftrag	Vertriebsweg	01	Direktverkauf
Vorgangsart	KundHierEbene01	KH11	Kundenhierarchie Ebe
Produktart	KundHierEbene02	KH21	Kundenhierarchie Ebe
Produktgruppe	KundHierEbene03	K5	Kunde 5
VertrBeauftragter	Kunde	K5	Kunde 5
	Artikel	A2	Artikel 2

Schlüsselspalte	Ist-Daten 007.2022	Ist / Kg 007.2022	Plan-Daten 007.2022	Plan / Kg 007.2022	Abw.
Absatzmenge	40	0,003	22	0,003	18,00
Alt. Menge	12.000	1,000	6.600	1,000	5.400,00
Bruttoumsatz	120.000,00	10,000	66.000,00	10,000	54.000,00
Rabatte	2.400,00	0,200	1.320,00	0,200	1.080,00
Rechnungsumsatz	117.600,00	9,800	64.680,00	9,800	52.920,00
Skonto	294,00	0,025	161,70	0,025	132,30
Boni	0,00	0,000	0,00	0,000	0,00
Nettoumsatz	117.306,00	9,776	64.518,30	9,776	52.787,70
Frachtkosten	5,00	0,000	5,00	0,001	0,00
Materialkosten	40.000,00	3,333	22.000,00	3,333	18.000,00
Fertigung	6.000,00	0,500	3.300,00	0,500	2.700,00
DB 1	71.301,00	5,942	39.213,30	5,941	32.087,70
Marketingkosten	0,00	0,000	0,00	0,000	0,00
Verkaufsförderung	0,00	0,000	0,00	0,000	0,00
DB 2	71.301,00	5,942	39.213,30	5,941	32.087,70
Fixkosten	3.636,36	0,303	0,00	0,000	3.636,36
Ergebnis	67.664,64	5,639	39.213,30	5,941	28.451,34

Abbildung 7.33: DB-Rechnung für ausgewählte Merkmalskombination

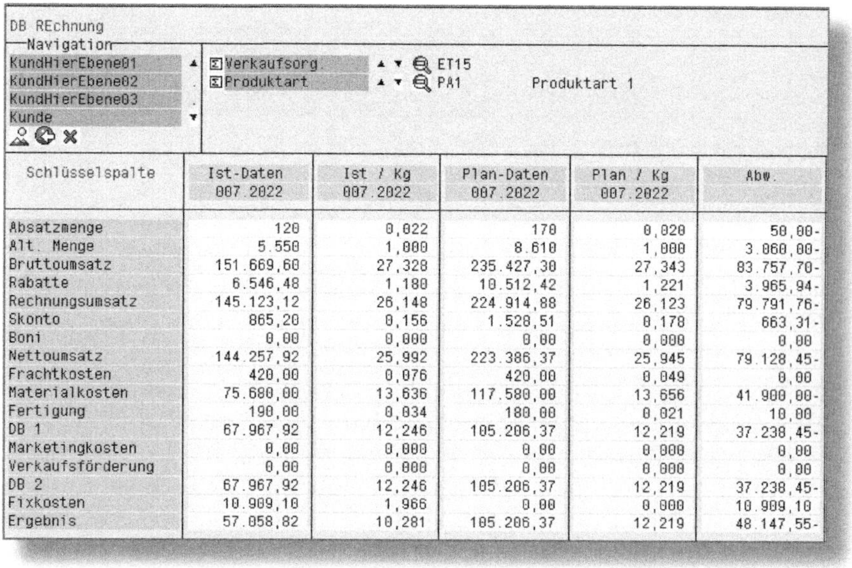

DB REchnung
Navigation

KundHierEbene01	Verkaufsorg.	ET15	
KundHierEbene02	Produktart	PA1	Produktart 1
KundHierEbene03			
Kunde			

Schlüsselspalte	Ist-Daten 007.2022	Ist / Kg 007.2022	Plan-Daten 007.2022	Plan / Kg 007.2022	Abw.
Absatzmenge	120	0,022	170	0,020	50,00-
Alt. Menge	5.550	1,000	8.610	1,000	3.060,00-
Bruttoumsatz	151.669,60	27,328	235.427,30	27,343	83.757,70-
Rabatte	6.546,48	1,180	10.512,42	1,221	3.965,94-
Rechnungsumsatz	145.123,12	26,148	224.914,88	26,123	79.791,76-
Skonto	865,20	0,156	1.528,51	0,178	663,31-
Boni	0,00	0,000	0,00	0,000	0,00
Nettoumsatz	144.257,92	25,992	223.386,37	25,945	79.128,45-
Frachtkosten	420,00	0,076	420,00	0,049	0,00
Materialkosten	75.680,00	13,636	117.580,00	13,656	41.900,00-
Fertigung	190,00	0,034	180,00	0,021	10,00
DB 1	67.967,92	12,246	105.206,37	12,219	37.238,45-
Marketingkosten	0,00	0,000	0,00	0,000	0,00
Verkaufsförderung	0,00	0,000	0,00	0,000	0,00
DB 2	67.967,92	12,246	105.206,37	12,219	37.238,45-
Fixkosten	10.909,10	1,966	0,00	0,000	10.909,10
Ergebnis	57.058,82	10,281	105.206,37	12,219	48.147,55-

Abbildung 7.34: DB-Rechnung für Produktart PA1

Ihrer Fantasie sind kaum Grenzen gesetzt, wie Sie sich Ihren selektierten Datenbestand anzeigen lassen! Jetzt können Sie sich vielleicht auch denken, warum meine Verleger und ich uns für das Cover dieses Buches einen dreidimensionalen Würfel ausgesucht haben ...

Es gibt im CO-PA noch eine Menge weitere Möglichkeiten, im Informationssystem der Ergebnisrechnung zu arbeiten. Da dieses Buch aber nicht den Anspruch eines vollständigen Kompendiums erhebt, habe ich mich in der Beschreibung der Werkzeuge und Techniken auf die meiner Meinung nach sinnvollsten beschränkt, mit denen Sie praxisnah in Ihrer Ergebnisrechnung arbeiten können.

In Kapitel 9 beschreibe ich Ihnen noch einige CO-PA-Werkzeuge, wie z. B. die in diesem Kapitel angesprochenen Verdichtungsebenen, die Ihnen die Arbeit mit CO-PA erleichtern werden.

Doch zunächst ...

8 Abstimmmöglichkeiten zwischen FI und CO-PA

Da es in der kalkulatorischen Form der Ergebnisrechnung manchmal zu Unterschieden und Abweichungen in Bezug zur Finanzbuchhaltung kommen kann, zeige ich Ihnen in diesem neuen Kapitel, wie Sie fehlende bzw. fehlerhafte Kundenaufträge oder Fakturen simulieren und nachbuchen und wie Sie Warenausgangskosten zwischen FI und CO-PA abstimmen können.

8.1 Simulieren/Nachbuchen von Kundenaufträgen und Fakturen in die Ergebnisrechnung

Im CO-PA gibt es zwei Transaktionen, die in der ersten Auflage dieses Buches unerwähnt blieben, weil ich sie vor meiner Zeit bei Sartorius kaum benutzt habe. Dort sind sie mir in den letzten elf Jahren aber doch sehr ans Herz gewachsen, sodass ich sie Ihnen nicht länger vorenthalten möchte:

Und zwar geht es um die Transaktionen *KE4TS* und *KE4ST*.

Wie Sie wissen, werden Kundenauftragsbelege, die noch nicht an das Rechnungswesen übergeben worden sind, in einem Pool gesammelt, den Sie über die Transaktion KE2D einsehen können. Es gibt unterschiedliche Gründe, warum sie in diesem Pool landen, doch am häufigsten sind es Bewertungsprobleme. Wenn beispielsweise in Ihrem Kundenauftrag ein Produkt enthalten ist, das Sie selbst produzieren und das Sie im Materialstamm mit S-Preis führen, so benötigt dieses Produkt eine Standardkalkulation. Mithilfe dieser Standardkalkulation bewerten Sie kalkulatorisch Wertfelder wie z. B. Materialkosten, Materialgemeinkosten, Fertigungskosten oder Fertigungsgemeinkosten. Fehlt zum Zeitpunkt der Kundenauftragsanlage diese Standardkalkulation, wird zwar der Kundenauftrag im SD gesichert und kann auch logistisch weiterbearbeitet werden, aber er landet außerdem im Fehlertopf der Transaktion KE2D.

Um nun detailliert zu erfahren, warum dieser Kundenauftragseinzelposten in der KE2D steht, kommt die Transaktion KE4TS ins Spiel. Mit ihr können Sie die Übergabe Ihres Kundenauftrags ins CO-PA simulieren und genau sehen, an welchem Bewertungsschritt oder an welcher falschen Merkmalsableitung die Übergabe ans CO-PA scheiterte.

Sobald Sie den ursächlichen Fehler beseitigt haben, indem Sie die Standardkalkulation für Ihr Produkt in dem jeweiligen Werk erstellen, können Sie die Übergabe ans CO-PA mithilfe der Transaktion KE4T vornehmen. Als Alternative existiert außerdem die Transaktion KE2B, die das Nachbuchen fehlerhafter Kundenauftragseinzelposten ebenso ermöglicht.

Übertragung ans CO-PA

Sofern Sie den Weg über die Transaktion KE4T wählen, müssen Sie anschließend über die KE2C Ihren Fehlertopf der KE2D bereinigen. Kundenauftragseingänge werden im SAP-Standard, sofern sie nicht im CO-PA gelandet sind, über folgende Transaktionen verwaltet:

- Die KE2D zeigt fehlerhafte Kundenauftragseingänge.
- Mit der KE2B können Sie korrigierte Kundenauftragseingänge nachbuchen.
- Sofern Sie das Nachbuchen über einen anderen Weg vorgenommen haben (z. B. über KE4T), können Sie die KE2D über die Transaktion KE2C bereinigen.

Auch für Fakturen, die nach dem Sichern im SD nicht ans Rechnungswesen übergeben werden, bietet sich eine in der Funktion gleiche Transaktion an: KE4ST.

Mit der KE4ST lässt sich die Übergabe der Faktura ins CO-PA simulieren, und Sie können sehen, woran die Übergabe bisher scheiterte. Ist die Fehlerursache behoben, können Sie anschließend mit der KE4S die Übergabe ins CO-PA durchführen.

Zusammengefasst sind diese Transaktionen sehr hilfreich, um Ihnen die tägliche Arbeit mit dem CO-PA zu erleichtern.

8.2 Abstimmung Cost of Sales

In der kalkulatorischen Ergebnisrechnung ist es schwierig, die Cost of Sales (CoS), die zum Zeitpunkt des Warenausgangs Ihres zu liefernden Produkts an den Kunden entstehen, zwischen FI und CO-PA abzustimmen. Woran liegt das? Ganz einfach: Zu diesem Zeitpunkt wird schlichtweg kein CO-PA-Einzelposten in der kalkulatorischen Ergebnisrechnung erzeugt. Diese Kosten werden erst mit der Faktura kalkulatorisch ans CO-PA übergeben, und zwar über die *Standardkonditionsart VPRS*. Im SAP-Standard wird diese Konditionsart normalerweise mit den CoS aktualisiert, sodass in Ihrer Deckungsbeitragsrechnung die Warenausgangskosten zu den gebuchten Erlösen sichtbar sind. Dabei bestehen allerdings zwei Schwierigkeiten: Zum einen passiert diese Aktualisierung nicht immer automatisch. Daher hat die SAP ein Standardprogramm *SDINVUPDR* entwickelt, das die Aktualisierung bei Bedarf nachholt. Ich empfehle Ihnen, diesen Report per Batch jede Nacht für die Fakturen des vorangegangenen Tages laufen zu lassen, sodass Sie sicher sein können, dass die Aktualisierung der Konditionsart VPRS und damit die Übergabe ins CO-PA auch wirklich stattgefunden hat.

Die zweite Schwierigkeit, warum die Cost of Sales zwischen FI und CO-PA nicht unbedingt zusammenpassen, ist organisatorischer Natur. Erfolgt der Warenausgang in einer anderen Periode als die zugehörige Faktura, sind die CoS im FI wahrscheinlich in einer früheren Periode gebucht worden als im CO-PA, da sie erst mit der Faktura über die Konditionsart VPRS übergeben werden. Daher ist meine Empfehlung hier, organisatorisch sicherzustellen, dass die Buchungen des Warenausgangs und der Faktura in derselben Periode erfolgen.

Eine reine Abstimmung der CoS zwischen FI und CO-PA ist im SAP-Standard leider mühsam und meistens nur manuell möglich, es sei denn, Sie entwickeln einen eigenen Report, der Ihnen diese manuelle Arbeit abnimmt und Ihnen aufzeigt, für welche Belege die Differenzen auftreten.

Seit der Einführung von Margin Analysis ist dieses Thema – auch im Hinblick auf den Split der Kosten des Umsatzes (Materialkosten, Materialgemeinkosten, Fertigungskosten etc.) – gelöst. Die Cost of Sales werden zum Zeitpunkt des Warenausgangs an Margin Analysis übergeben.

9 Werkzeuge im CO-PA

Im CO-PA werden Ihnen unterschiedliche Werkzeuge angeboten, die Ihnen die Arbeit mit CO-PA erleichtern oder Sie dabei unterstützen. Dies betrifft Themen der Performanceverbesserung, der Übernahme von Daten aus Fremdsystemen, der Analyse von Werteflüssen in die Ergebnisrechnung, Produktivstartvorbereitungen, der Berechtigungsverwaltung und last, but not least, der SAP-Erweiterungen, also jene User-Exits, die Sie in diversen Kapiteln dieses Buches kennenlernen durften.

Gemäß der Philosophie dieses Buches, Ihnen die Aspekte der Ergebnisrechnung zu zeigen, die Sie für einen Schnelleinstieg benötigen, werde ich mich auf zwei mir wichtige Aspekte beschränken: Das Thema Performanceverbesserung durch die Arbeit mit Verdichtungsebenen und die Analyse von Werteflüssen in der Ergebnisrechnung.

9.1 Verdichtungsebenen

Wenn Sie Ergebnisberichte aufrufen, wollen Sie in angemessener Zeit die gewünschten Daten sehen. Je größer der Datenbestand aus Ist- und Planeinzelposten im CO-PA wird, desto länger dauert der Zugriff auf diesen Datenbestand. Im CO-PA wird Ihnen die Möglichkeit geboten, beim Zugriff auf die Einzelposten keinen Frust aufkommen zu lassen. Sie definieren dazu besagte Verdichtungsebenen, die in regelmäßigen Jobs neu hinzukommende und bestehende Einzelposten verdichten und dadurch den Zugriff auf den Datenbestand erheblich beschleunigen.

Wenn Sie Verdichtungsebenen erzeugen wollen, bietet Ihnen das CO-PA an, Vorschläge zu erstellen. Diese Vorschläge könnten Sie annehmen, oder Sie legen zu jedem Ergebnisbericht eine Verdichtungsebene an. Aus meiner langjährigen Praxis heraus empfehle ich Ihnen allerdings eine Begrenzung auf 3 Verdichtungsebenen:

- Ebene 1 enthält alle *artikelspezifischen* Merkmale plus die Merkmale, die nicht direkt von Kunden oder Artikeln abhängig sind.
- Ebene 2 enthält alle *kundenspezifischen* Merkmale plus die Merkmale, die nicht direkt von Kunden oder Artikeln abhängig sind.
- Ebene 3 enthält *kunden- und artikelspezifische* Merkmale plus die Merkmale, die nicht direkt von Kunden oder Artikeln abhängig sind. Diese Ebene entspricht fast der Einzelpostenebene des CO-PA, da aber Merkmale wie Datumsangaben etc. nicht dabei verdichtet werden, ist sie dennoch kleiner.

Wenn Sie die Ergebnisberichte anlegen, die ich Ihnen im Kapitel 7 empfohlen habe, sind die drei beschriebenen Verdichtungsebenen ausreichend. Wieso nur drei Ebenen? Jede Verdichtungsebene wird zusätzlichen Plattenbedarf benötigen, je weniger Ebenen Sie haben, desto weniger Speicherkapazität benötigen Sie von Ihrer Basis. Jede Nacht sollten Sie einen Hintergrundjob einplanen, der die am Tag erzeugten Einzelposten zu den bereits verdichteten Einzelposten hinzufügt.

9.1.1 Beispiel-Customizing einer Verdichtungsebene

Über das Einstellungsmenü der Ergebnisrechnung (ORKE) gelangen Sie über WERKZEUGE• VERDICHTUNGSEBENEN • VERDICHTUNGSEBENEN DEFINIEREN in die Verdichtungsebenensicht (siehe Abbildung 9.1).

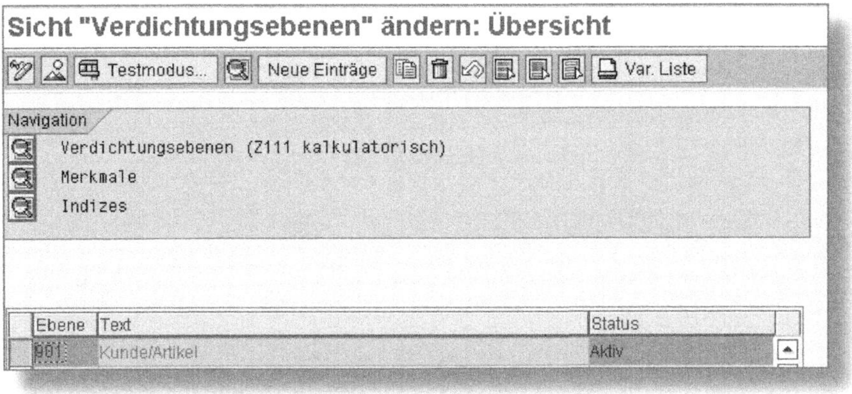

Abbildung 9.1: Einstieg Definition Verdichtungsebene

Oder Sie lassen sich vom SAP-System über WERKZEUGE • VERDICHTUNGSEBENEN AUTOMATISCHEN VORSCHLAG ERSTELLEN LASSEN einen Vorschlag erstellen (siehe Abbildung 9.2).

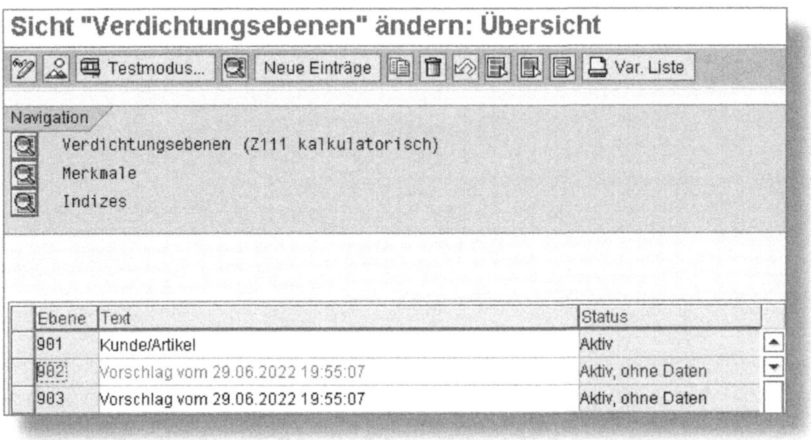

Abbildung 9.2: Eigene oder vorgeschlagene Verdichtungsebenen

9.1.2 Aktivierung der Verdichtungsebenen

Damit CO-PA die Verdichtungsebenen beim Lesen der Daten z. B. bei der Planung oder beim Berichtsaufruf findet, müssen die Ebenen aktiv sein.

Sie aktivieren Ihre Verdichtungsebenen über das Anwendungsmenü der Ergebnisrechnung (Werkzeuge • Verdichtungsebenen • Aktualisieren), siehe Abbildung 9.3.

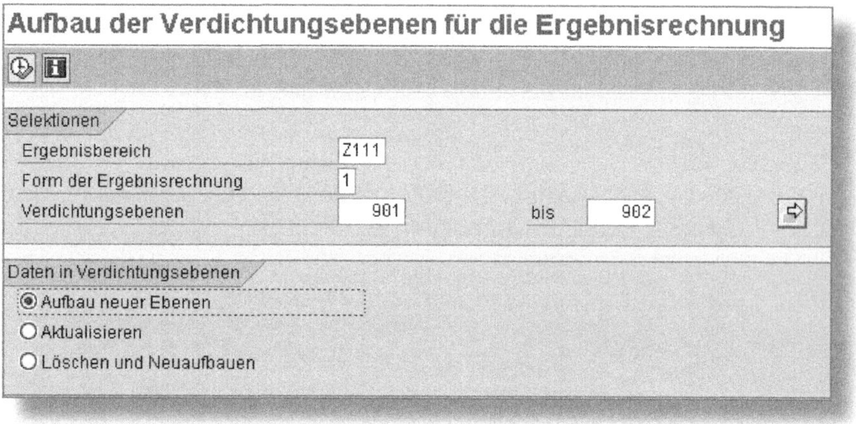

Abbildung 9.3: Verdichtungsebenen aktualisieren

9.2 Analyse von Werteflüssen

Bevor tatsächlich CO-PA-Einzelposten gebucht werden, bietet Ihnen das CO-PA die Möglichkeit, Ihre Bewertungen und Werteflüsse in die Ergebnisrechnung vorab zu simulieren. Sie können diese Analyse direkt aus dem Anwendungsmenü der Ergebnisrechnung aufrufen (siehe Abbildung 9.4).

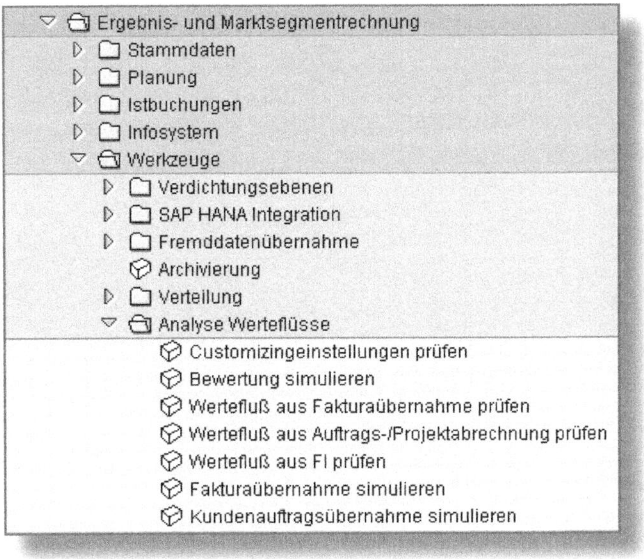

Abbildung 9.4: Möglichkeiten der Analyse der Werteflüsse

9.2.1 Überprüfung der Customizing-Einstellungen

Zunächst können Sie noch einmal die Customizing-Einstellungen der Organisationsstrukturen Ihrer Ergebnisrechnung überprüfen (siehe Abbildung 9.5). Sie erinnern sich vielleicht noch an meine Aussage: »Die Organisationsstrukturen bilden das Rückgrat des SAP-Systems.« Über diesen Monitor können Sie weitere Customizing-Einstellungen überprüfen.

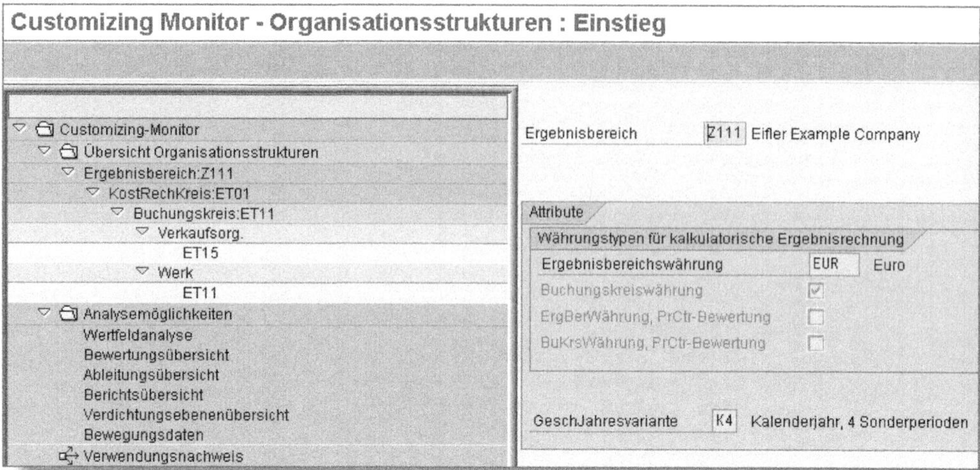

Abbildung 9.5: Customizing-Monitor zur Prüfung der Organisationsstrukturen

Wertfeldanalyse

Beginnen wir mit der Wertfeldanalyse (siehe Abbildung 9.6).

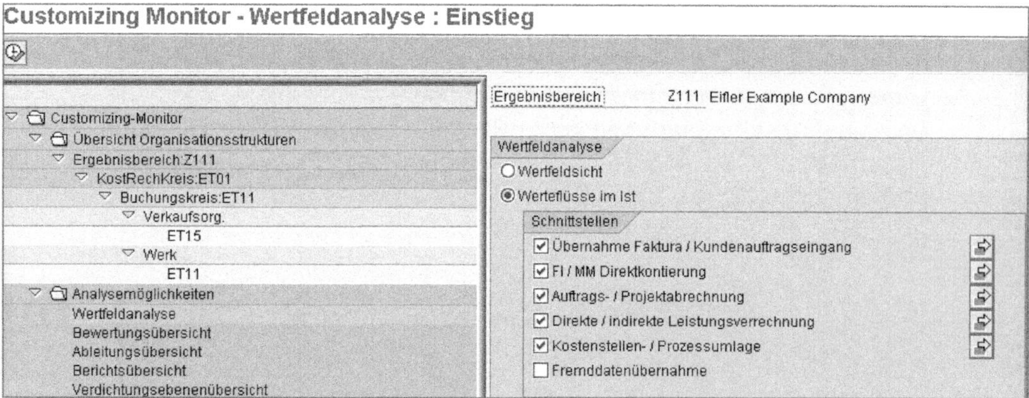

Abbildung 9.6: Einstiegsbild Wertfeldanalyse

Nach Drücken des Buttons AUSFÜHREN können Sie Ihre Einstellungen komplett analysieren (siehe Abbildung 9.7).

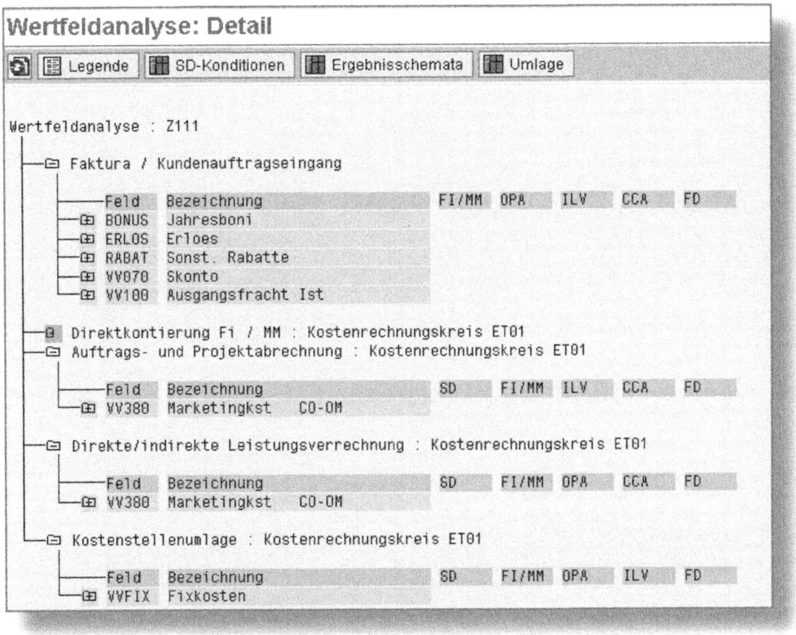

Abbildung 9.7: Ergebnis Wertfeldanalyse

Sie können sehen, welche Wertfelder über welche Schnittstelle bedient werden. Über die oben angezeigten Buttons können Sie in die SD-Konditionen, in die Ergebnisschemata oder in die definierten Umlagen springen.

Bewertungsübersicht

Als Nächstes überprüfen wir die Bewertungen für die Vorgangsarten A, F, B und C zum Istbewertungszeitpunkt 01 (siehe Abbildung 9.8).

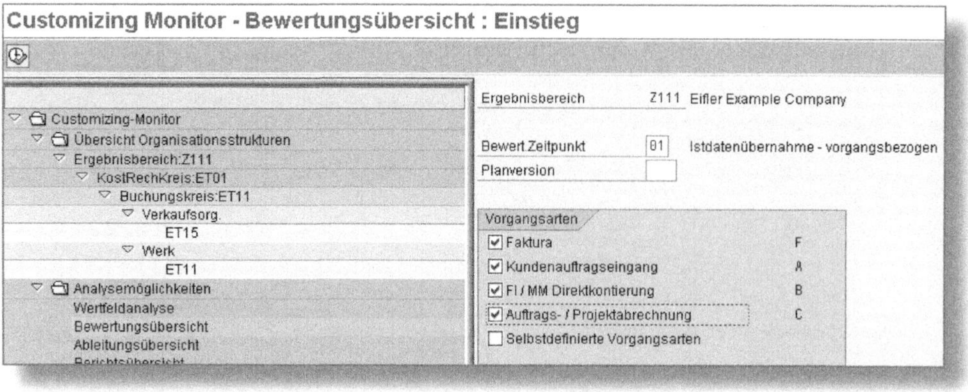

Abbildung 9.8: Ausführung Bewertungsübersicht

Nach Ausführung erhalten Sie folgendes Ergebnis (siehe Abbildung 9.9).

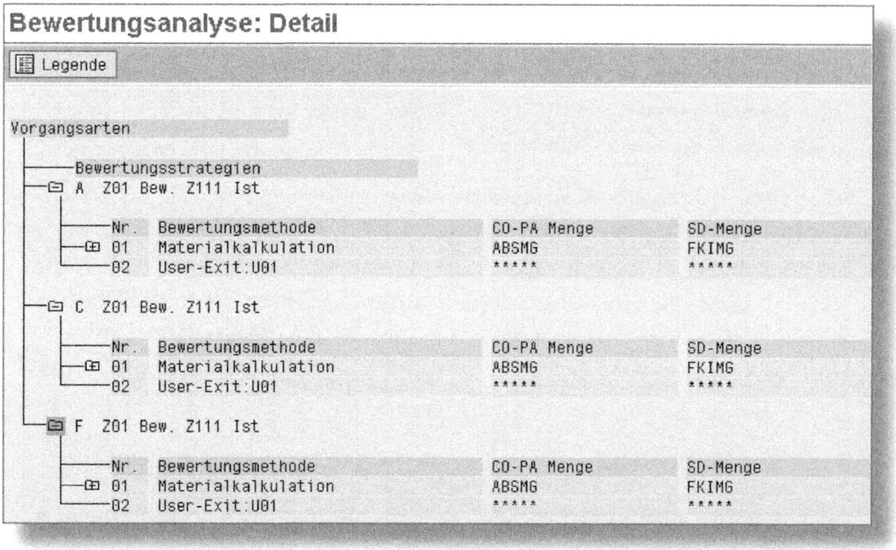

Abbildung 9.9: Ergebnis Bewertungsanalyse

In dieser Abbildung können Sie erkennen, welche Bewertungsstrategien Ihren Vorgangsarten zugeordnet sind. Sie sehen, dass für jede Vorgangsart einerseits die Materialkalkulation und andererseits der User-Exit U01 durchlaufen werden.

Diese Bewertungsanalyse bietet den Anwendern den Vorteil, dass sie sehen können, was eingestellt ist, ohne Customizing-Berechtigungen besitzen zu müssen.

Ableitungsübersicht

Das Einstiegsbild zur Ableitungsübersicht sehen Sie in Abbildung 9.10.

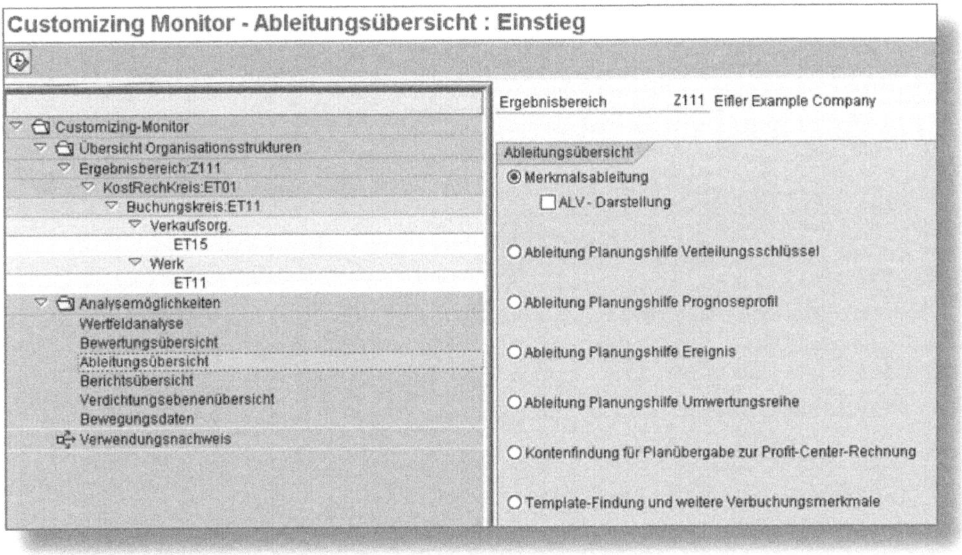

Abbildung 9.10: Einstiegsbild Ableitungsübersicht

Wenn Sie die Ableitungsübersicht ausführen, bekommen Sie für jedes abgeleitete Merkmal ein Protokoll der Quell- und Zielfelder, mit dem Sie genau analysieren können, ob die Merkmalsableitung richtig funktioniert (siehe Abbildung 9.11). Dies ist beispielhaft für den Ableitungsschritt 11 dargestellt.

Schritt 0011 Tabellenzugriff
Mengeneinheit Absatzmenge

Zugriff auf Tabelle MVKE (Verkaufsdaten zum Material)

Quellfelder

Herkunft	Feldname	Beschreibung	Attribute
CO-PA	ARTNR	Artikelnummer	
CO-PA	VKORG	Verkaufsorganisation	
CO-PA	VTWEG	Vertriebsweg	

Schlüsselfelder

Herkunft	Feldname	Beschreibung	Attribute
MVKE	MATNR	Materialnummer	
MVKE	VKORG	Verkaufsorganisation	
MVKE	VTWEG	Vertriebsweg	

zu übernehmende Felder

Herkunft	Feldname	Beschreibung	Attribute
MVKE	VRKME	Verkaufsmengeneinheit	

Zielfelder

Herkunft	Feldname	Beschreibung	Attribute
CO-PA	ABSMG_ME	Basismengeneinheit	

Abbildung 9.11: Teilprotokoll als Ergebnis der Ableitungsübersicht

Berichtsübersicht

Das Einstiegsbild der Berichtsübersicht im Customizing-Monitor sieht folgendermaßen aus (siehe Abbildung 9.12).

Wenn Sie die Berichtsübersicht ausführen, erhalten Sie eine Übersicht, welches Feld wie in einem Ergebnisbericht Anwendung findet (siehe Abbildung 9.13).

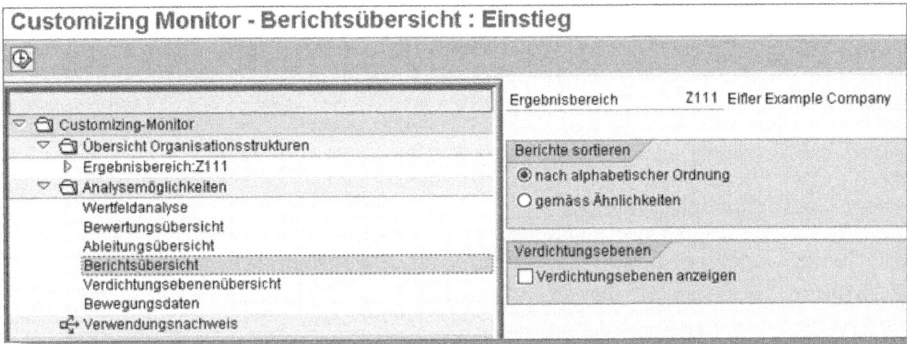

Abbildung 9.12: Einstiegsbild Berichtsübersicht

Customizing Monitor - Berichtsübersicht :

Feldname	Bedeutung	DB RECHN...	EIFLER 1
	Formular	DB RECHNUI	EIFLER 1
	Feste Felder		
PALEDGER	Währungstyp		
VRGAR	Vorgangsart	R(D)	F(N)
PLIKZ	Plan-/Istkennzeichen	F(N)	F(N)
VERSI	Version	F(N)	
PERDE	Periode		
PERIO	Periode/Jahr	F(N)	F(N)
ALTPERIO	Woche/Jahr		
GJAHR	Geschäftsjahr		
KOKRS	KostRechKreis		
BUKRS	Buchungskreis		
WERKS	Werk		
VKORG	Verkaufsorg.	R(D)	
VTWEG	Vertriebsweg	R(D)	
SPART	Sparte		
PRCTR	Profitcenter		
	Kundendimension		
KNDNR	Kunde	R(D)	R(D)
HIE01	KundHierEbene01	R(D)	
HIE02	KundHierEbene02	R(D)	
HIE03	KundHierEbene03	R(D)	
KDGRP	Kundengruppe		
WWKGR	Kundengruppe frei	R(D)	
	Artikeldimension		
ARTNR	Artikel	R(D)	R(D)
WWPAR	Produktart	R(D)	

Abbildung 9.13: Ergebnis Berichtsübersicht

Dabei bedeutet »R(D)«, dass es sich um ein Berichtsmerkmal handelt, bei dem ein weiterer Drill-Down möglich ist. »F(N)« heißt, dass es ein Merkmal aus einem Formular ist, bei dem ein Drill-Down nicht möglich ist.

Verdichtungsebenenübersicht

In dieser Übersicht sehen Sie die für Ihren Ergebnisbereich angelegten Verdichtungsebenen sowie die Merkmale, über die verdichtet wird (siehe Abbildung 9.14).

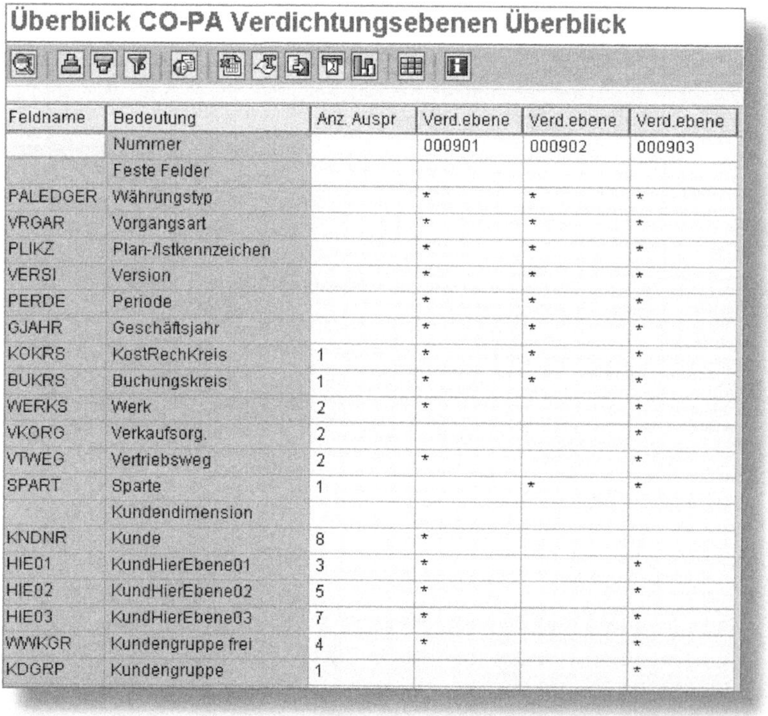

Überblick CO-PA Verdichtungsebenen Überblick

Feldname	Bedeutung	Anz. Auspr	Verd.ebene	Verd.ebene	Verd.ebene
	Nummer		000901	000902	000903
	Feste Felder				
PALEDGER	Währungstyp		*	*	*
VRGAR	Vorgangsart		*	*	*
PLIKZ	Plan-/Istkennzeichen		*	*	*
VERSI	Version		*	*	*
PERDE	Periode		*	*	*
GJAHR	Geschäftsjahr		*	*	*
KOKRS	KostRechKreis	1	*	*	*
BUKRS	Buchungskreis	1	*	*	*
WERKS	Werk	2	*		*
VKORG	Verkaufsorg.	2			*
VTWEG	Vertriebsweg	2	*		*
SPART	Sparte	1		*	*
	Kundendimension				
KNDNR	Kunde	8	*		
HIE01	KundHierEbene01	3	*		*
HIE02	KundHierEbene02	5	*		*
HIE03	KundHierEbene03	7	*		*
WWKGR	Kundengruppe frei	4	*		*
KDGRP	Kundengruppe	1			*

Abbildung 9.14: Überblick Verdichtungsebenen

9.2.2 Simulierung von Belegen

Nachdem Sie in den zuvor beschriebenen Schritten intensiv Ihr eingestelltes CO-PA-Customizing prüfen konnten, ermöglicht Ihnen das CO-PA in den weiteren Unterschritten der Position »Analyse Werteflüsse« Belege zu simulieren. Bei den Punkten »Fakturaübernahme« und »Kundenauftragsübernahme« müssen Sie einen konkreten SD-Beleg vorgeben. In der Analyse können Sie dann genau verfolgen, wie sich CO-PA bei der Buchung verhalten hat. Ich werde beispielhaft den Punkt »Bewertung simulieren« näher beschreiben (siehe Abbildung 9.15).

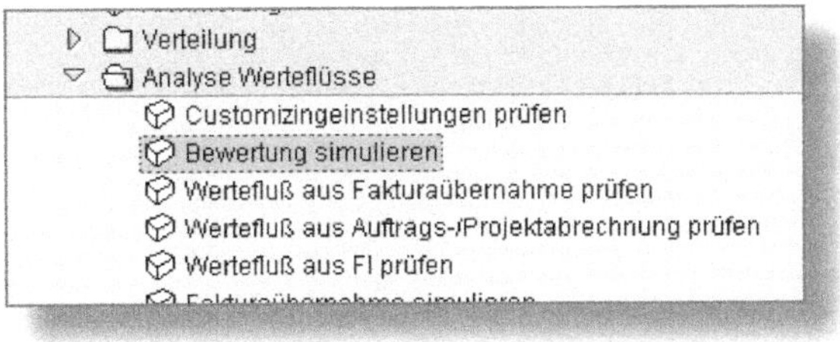

Abbildung 9.15: Einstieg Bewertung simulieren

Ähnlich wie etwa mit der Transaktion KE21 (Isteinzelposten erfassen) gelangen Sie zunächst in ein Einstiegsbild (siehe Abbildung 9.16).

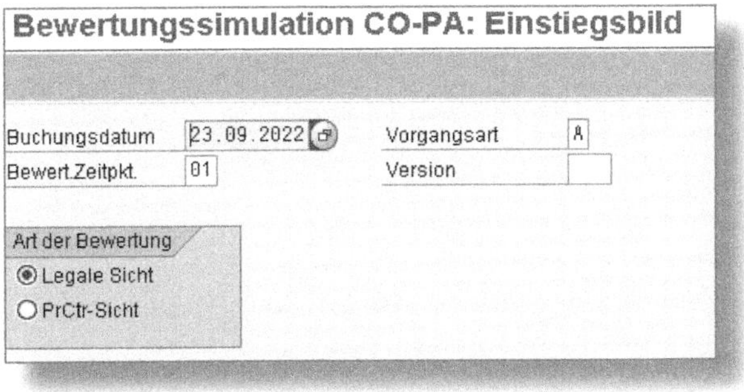

Abbildung 9.16: Einstiegsbild Bewertungssimulation

Sie geben ein Buchungsdatum, die Vorgangsart und den Bewertungszeitpunkt vor, an dem Sie die Bewertung simulieren wollen. Im nächsten Schritt geben Sie einige Merkmalsausprägungen vor (siehe Abbildung 9.17).

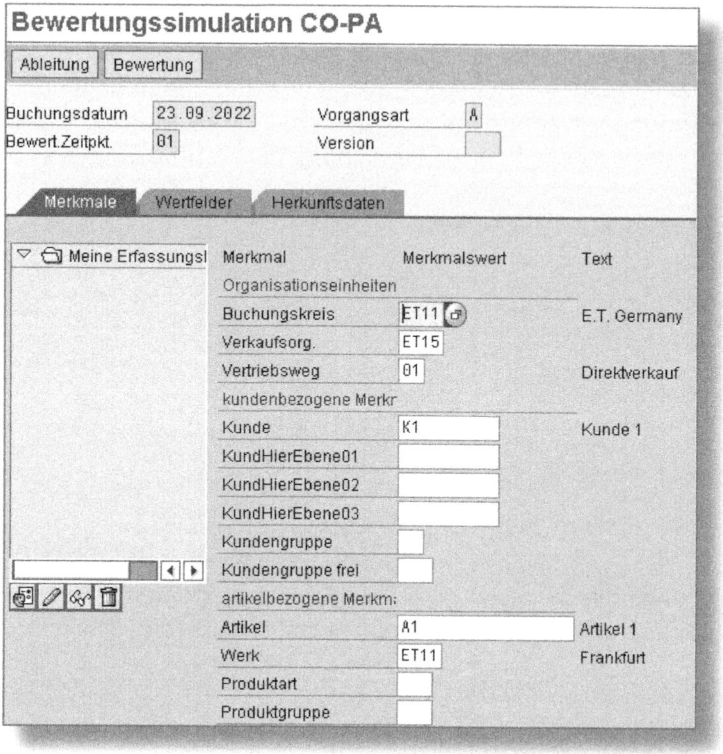

Abbildung 9.17: Merkmalseingabe bei der Bewertungssimulation

Wir führen die Simulation einfach für Kunde K1 und Artikel A1 aus unseren Beispieldaten durch. Zuerst wollen wir aber prüfen, ob die Ableitung klappt. Sie drücken auf den Button ABLEITUNG und sehen, dass weitere Merkmale abgeleitet worden sind (siehe Abbildung 9.18).

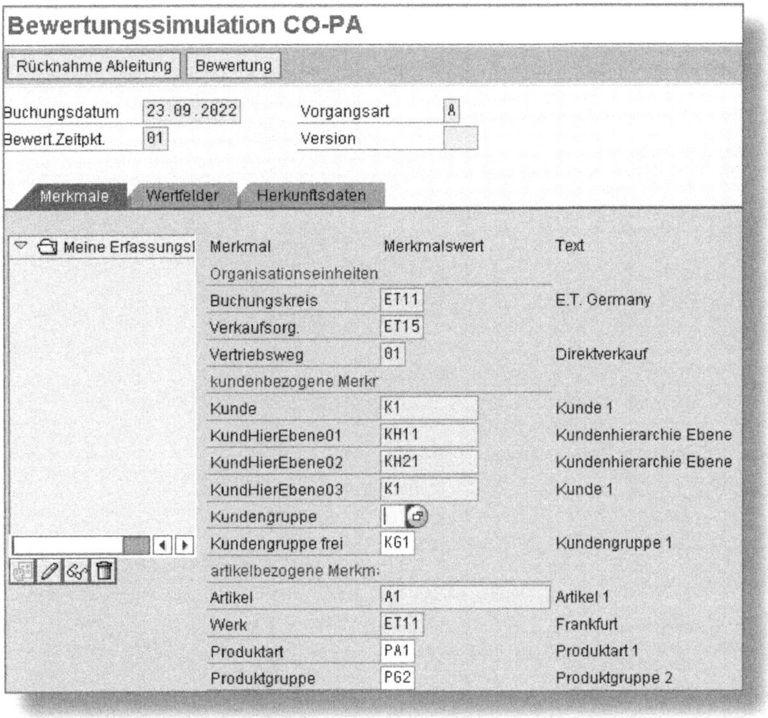

Abbildung 9.18: Erfolgreiche Merkmalsableitung bei Bewertungssimulation

Ihre Merkmalsableitung für die Kundenhierarchie, die Produkthierarchie und die Kundengruppe wurde durchgeführt. Nachdem Sie auf den Tabellenreiter WERTFELDER gewechselt sind und eine Absatzmenge eingetragen haben, drücken Sie auf den Button BEWERTUNG und erhalten folgendes Ergebnis (siehe Abbildung 9.19).

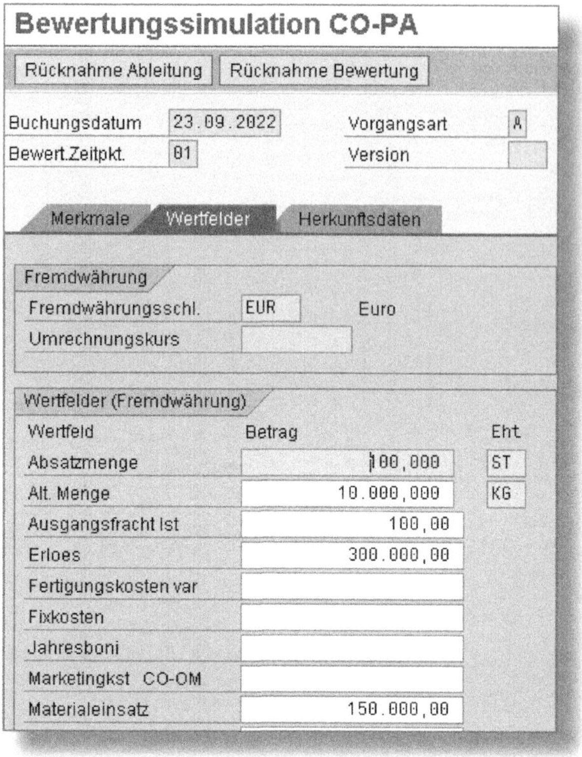

Abbildung 9.19: Ergebnis Bewertungssimulation

Nun haben Sie zwei für mich wichtige Werkzeuge des CO-PA kennengelernt. Damit bin ich mit dem Buch fast am Ende, fehlt nur noch das Schlusswort.

10 Schlusswort zur zweiten Auflage

Ziel dieses Buches ist es, Ihnen auf lockere Art und Weise meine Erfahrungen im CO-PA mitzuteilen und Ihnen darüber einen Schnelleinstieg in die SAP-Ergebnisrechnung zu ermöglichen. Was CO-PA ist, wissen Sie jetzt. Sie werden sich, wenn Sie bis zu diesem Schlusswort gekommen sind, in Diskussionen und Meetings behaupten und als wahrer CO-PA-Experte glänzen können.

Auch in dieser zweiten Auflage liegt der Schwerpunkt auf der kalkulatorischen Form der Ergebnisrechnung. Ergänzend habe ich Ihnen Gründe aufgezeigt, wie ich bei der Umstellung des SAP-ERP-Systems auf S/4HANA vorgehen würde. Meine Empfehlung geht klar dahin, beide Formen zu aktivieren, also neben der kalkulatorischen Form auch die neue Margin Analysis. So können Sie weiterhin mit den klassischen Bewertungen arbeiten, die es in Margin Analysis so nicht mehr gibt, weil dort nur noch auf gebuchte Beträge zugegriffen werden kann.

Das CO-PA ist nach wie vor das Königsmodul. Es ist und bleibt der finale Punkt in Ihrem SAP-System, an dem alle Daten und Werteflüsse zusammenfließen.

Ich wünsche Ihnen und Ihrem Unternehmen mit der kalkulatorischen Form der Ergebnisrechnung wie auch der (zukünftigen) Margin Analysis viel Glück und Erfolg.

Haselünne/Göttingen im Juli 2023

Stefan Eifler

A Der Autor

Stefan Eifler arbeitet seit mehr als 28 Jahren als externer und interner SAP-Berater mit dem Schwerpunkt CO und ist Speziallist für die Ergebnisrechnung (CO-PA).

Nach seinem wirtschaftswissenschaftlichen Studium an der Ruhr-Universität Bochum arbeitete er zunächst als externer SAP-Berater bei der COPA GmbH, einer auf die Getränkeindustrie spezialisierten Unternehmensberatung. Bei vielen bekannten Unternehmen der Getränkeindustrie wie z. B. Coca-Cola, Veltins, Schwarze, Amecke, Berentzen und Schneider Weisse führte er das Modul CO, immer inklusive dem CO-PA, erfolgreich und termingerecht ein. Nach der Heirat seiner Ehefrau Karin und in Erwartung der Geburt seines Sohnes Jan Lukas nahm er das Angebot der Berentzen-Gruppe AG an, als Inhouse-SAP-Berater für sie tätig zu werden. Als Leiter Controllingprojekte verantwortete er dort neben vielen SAP-Projekten, wie z. B. der Neueinführung von SAP R/3 bei gleichzeitiger Verschmelzung der Berentzen-Firmen auf eine Einheitsgesellschaft, auch Projekte wie die Einführung der internationalen Rechnungslegung (IFRS) zum 31.12.2005. In zusätzlichen Funktionen als Vertriebs- und Produktionscontroller konnte er im Controlling viele praktische Erfahrungen sammeln. Durch seine ganzheitliche wirtschaftswissenschaftliche Ausbildung war er zusätzlich der Risikomanager der Berentzen-Gruppe AG und betreute zahlreiche interne und externe Studenten bei ihren Bachelor- und Diplomarbeiten.

Seit Februar 2012 ist Stefan Eifler Inhouse-Berater für CO bei der international tätigen Sartorius AG in Göttingen. CO-PA hat er im Unternehmen mittlerweile weltweit erfolgreich eingeführt.

B Index

K

L

M

N

O

P

Q

R

S

C Disclaimer

Die in diesem Werk wiedergegebenen Gebrauchsnamen, Handelsnamen, Warenbezeichnungen usw. können auch ohne besondere Kennzeichnung Marken sein und als solche den gesetzlichen Bestimmungen unterliegen. Sämtliche in diesem Werk abgedruckten Bildschirmabzüge unterliegen dem Urheberrecht der SAP SE, Dietmar-Hopp-Allee 16, 69190 Walldorf.

In dieser Publikation wird auf Produkte der SAP SE Bezug genommen. SAP, R/3, SAP NetWeaver, Duet, PartnerEdge, ByDesign, SAP BusinessObjects Explorer, StreamWork und weitere im Text erwähnte SAP-Produkte und -Dienstleistungen sowie die entsprechenden Logos sind Marken oder eingetragene Marken der SAP SE in Deutschland und anderen Ländern. Business Objects und das Business-Objects-Logo, BusinessObjects, Crystal Reports, Crystal Decisions, Web Intelligence, Xcelsius und andere im Text erwähnte Business-Objects-Produkte und -Dienstleistungen sowie die entsprechenden Logos sind Marken oder eingetragene Marken der Business Objects Software Ltd. Business Objects ist ein Unternehmen der SAP SE. Sybase und Adaptive Server, iAnywhere, Sybase 365, SQL Anywhere und weitere im Text erwähnte Sybase-Produkte und -Dienstleistungen sowie die entsprechenden Logos sind Marken oder eingetragene Marken der Sybase Inc. Sybase ist ein Unternehmen der SAP SE. Alle anderen Namen von Produkten und Dienstleistungen sind Marken der jeweiligen Firmen. Die Angaben im Text sind unverbindlich und dienen lediglich zu Informationszwecken. Produkte können länderspezifische Unterschiede aufweisen.

Der SAP-Konzern übernimmt keinerlei Haftung oder Garantie für Fehler oder Unvollständigkeiten in dieser Publikation. Der SAP-Konzern steht lediglich für SAP-Produkte und -Dienstleistungen nach der Maßgabe ein, die in der Vereinbarung über die jeweiligen Produkte und Dienstleistungen ausdrücklich geregelt ist. Aus den in dieser Publikation enthaltenen Informationen ergibt sich keine weiterführende Haftung.

Weitere Bücher von Espresso Tutorials

Andreas Unkelbach, Martin Munzel:

Abschlussarbeiten im Gemeinkosten-Controlling in SAP S/4HANA®

- Stammdaten im Gemeinkosten-Controlling
- Neu in S/4HANA: die Universelle Verrechnung
- Verwaltung der Allokationszyklen
- Koordination der Abschlussarbeiten

http://5360.espresso-tutorials.de

Christoph Theis, Stefan Eifler:

Werteflüsse in die SAP®-Ergebnisrechnung (CO-PA) unter S/4HANA

- Werteflüsse anhand des logistischen Verkaufs- und Produktionsprozesses
- Vergleich der kalkulatorischen mit der buchhalterischen Ergebnisrechnung
- Darstellung der Änderungen im Wertefluss im Vergleich zu SAP ERP
- Durchgehendes Zahlenbeispiel bis hin zu den Abschlusstätigkeiten

http://5394.espresso-tutorials.de

Ernst Schulten:

SAP-Training in 10 Tagen – Integrierte Geschäftsprozesse in SAP S/4HANA®

- Leicht verständliche Einführung in SAP S/4HANA
- Fundierte Darstellung der zentralen Konzepte
- Einfache Beispiele für die Anwendung in der Praxis
- Kompakte Vorbereitung auf die offizielle SAP-TS410-Zertifizierungsprüfung

https://es-tu.de/wbJTP1

Nora Voigt:

Praxishandbuch SAP S/4HANA® Controlling

- Neuerungen im Controlling mit SAP S/4HANA
- Funktionen aller Teilkomponenten im Überblick
- Auswirkungen von S/4HANA auf Ihre Geschäftsprozesse
- Praktisch erklärt anhand eines durchgängigen Beispiels

https://es-tu.de/zVyJR